Marc Lomazzi

LE LIVRE NOIR DE LA CRIMINALITÉ VERTE

Enquête sur l'incroyable business des crimes contre l'environnement

CALMANN LEVY

CALMANN LÉVY
ÉDITEUR DEPUIS 1836
www.calmann-levy.fr

COUVERTURE
Maquette : 'Olo

ISBN : 978-2-7021-9280-1

À Giulia

« La criminalité environnementale apparaît encore comme secondaire alors qu'il s'agit d'un problème majeur contre lequel la France doit se doter d'un organisme puissant du même ordre que le FBI. »

Corinne Lepage,
avocate, ex-ministre de l'Environnement

INTRODUCTION

Écoutes, filatures, indics, infiltrations, « mules », *go fast*… Nous ne sommes ni à la brigade des stupéfiants ni à la brigade criminelle, mais avec des enquêteurs des douanes, de la gendarmerie ou de l'Office français de la biodiversité (OFB) qui traquent les trafiquants d'espèces sauvages, de pesticides, de bois tropicaux ou de déchets toxiques.

Attirés par la promesse de gains faramineux, ces malfaiteurs d'un nouveau genre pillent les richesses naturelles, font main basse sur des activités polluantes, dévastatrices pour la biodiversité et néfastes à la santé humaine. Souvent aussi rentable que le narcotrafic, la criminalité environnementale est en plein essor.

Selon Interpol, elle aurait bondi de 40 % dans le monde en dix ans et grimpé plusieurs marches dans la hiérarchie du crime organisé au point de se classer désormais au quatrième rang derrière le trafic de drogue, la contrefaçon et la traite d'êtres humains. Aux mains de professionnels sans scrupule et de redoutables gangs, le business planétaire des crimes contre l'environnement rapporte, toujours d'après Interpol, entre 80 et 230 milliards de dollars par an. C'est trois à dix fois le chiffre d'affaires annuel de McDonald's !

Aussi incroyable que cela puisse paraître, des réseaux parfois mafieux qui n'ont rien à envier aux narcotrafiquants se sont diversifiés aujourd'hui en France pour explorer cette nouvelle forme de grande criminalité. Un phénomène qui aura sans doute échappé au député Laurent Wauquiez et à l'eurodéputé François-Xavier Bellamy, tous deux LR, qui ont exigé, au plus fort des mouvements de colère paysanne, la dissolution de l'OFB, accusé de faire du zèle lors du contrôle du respect des normes environnementales par les agriculteurs. D'autres à droite et au centre ont réclamé le désarmement des inspecteurs de l'OFB, soutenant la proposition d'un rapport du Sénat[1].

Quel aveuglement ! À croire que les détracteurs de la police de l'environnement, en première ligne contre la criminalité verte, n'ont rien compris. Et surtout pas que, de la pêche et la déforestation illégales à la contrebande de produits phytosanitaires en passant par les trafics illicites de déchets et d'espèces protégées, la France, parce qu'elle est située au carrefour du Vieux Continent, est devenue la plaque tournante de

1. « Évaluation de la loi n°2019-773 du 24 juillet 2019 portant création de l'Office français de la biodiversité », rapport d'information n° 777, déposé le 25 septembre 2024.

trafics tentaculaires brassant des centaines de millions d'euros.

S'en prendre à la police de l'environnement, même si l'OFB n'est pas seule dans ce combat, c'est laisser le champ libre aux écodélinquants et aux entreprises qui, par le biais d'intermédiaires véreux, expédient leurs déchets industriels à l'autre bout du monde ou souillent les communes françaises, importent du bois précieux d'Amazonie, déciment des poissons en voie d'extinction et vendent sous le manteau des pesticides de contrefaçon. Des réseaux criminels approvisionnent en peaux, en cuir ou en corne d'espèces protégées des marques de luxe et des sociétés pharmaceutiques.

En bout de chaîne, le crime environnemental prospère grâce à la complicité des sites de vente en ligne qui écoulent les produits, mais aussi à l'inconscience des consommateurs qui les achètent. Chacun de nous peut un jour s'en faire le complice car aucun des aspects de notre vie quotidienne n'est épargné.

Pour ne citer que ces quelques exemples, 15 à 30 % du bois tropical vendu dans le monde pour fabriquer les meubles ou le parquet de notre salon est d'origine criminelle. Un poisson sur cinq est issu de la pêche illégale. Entre 60 % et 90 % de nos téléviseurs, ordinateurs et portables alimentent, une fois jetés au rebut, le trafic planétaire des déchets électroniques. Des filières crapuleuses ont également fait main basse sur une partie du marché des animaux de compagnie. C'est ainsi que chaque année, 75 000 chiens de race seraient volés en France, et 50 000 autres importés illégalement depuis les pays de l'Est.

Si le sujet concerne au premier chef la police et la justice, il devrait aussi interpeller les citoyens et les consommateurs que nous sommes tous. Pourtant, qui a entendu parler de la criminalité environnementale ? Éclipsée par le narcotrafic et ses règlements de comptes sanglants, elle fait rarement la une de l'actualité.

« République noire »

Ce livre est donc un voyage en terre inconnue. En même temps qu'il ambitionne d'éclairer cette forme nouvelle de criminalité, il nous plonge au cœur de la traque aux écodélinquants. Le récit des enquêtes judiciaires comme les témoignages des magistrats, des avocats et des ONG lèvent le voile sur un univers insoupçonné, souvent effarant, parfois terrifiant.

Contrebandiers, braconniers, escrocs, narcotrafiquants en quête de diversification... Explorant cet univers à part, dont les contours sont si vastes que tous les crimes écologiques n'ont pu être abordés, le livre brosse le portrait de profils inquiétants.

On y rencontre une *escort girl* reconvertie dans le trafic de chiens importés des pays de l'Est, une ancienne figure du groupe terroriste basque ETA devenu trafiquant de bébés anguilles, un homme d'affaires allemand décrit à son procès comme un « pirate » des pesticides ou encore un virtuose du jazz manouche, à la tête d'un vaste réseau transfrontalier de trafic de déchets.

On y croise aussi la route des enquêteurs acharnés de la police de l'environnement, de magistrats résolus et de défenseurs de la nature hauts en couleur comme l'ancienne cheffe de la cellule antitrafic de la SPA, une ex-marionnettiste au caractère bien trempé, ou le capitaine Paul Watson, infatigable pourfendeur de la pêche illégale, baptisé le « shérif des mers ».

Bienvenue dans ce qu'une juge d'instruction a appelé la « république noire » de la criminalité verte.

CHAPITRE 1

ROISSY, PLAQUE TOURNANTE DE LA CONTREBANDE

Roissy-Charles-de-Gaulle, aéroport de tous les superlatifs ! Quatre fois plus grand que le bois de Boulogne, il est une ruche vibrante dans laquelle se croisent jour et nuit 100 000 employés et 70 millions de passagers. Les avions sont en provenance de 320 villes à travers le globe et il en atterrit un toutes les 30 secondes. Revers de la médaille, Roissy est désormais la plaque tournante d'un trafic planétaire.

Dissimulées dans les bagages des voyageurs ou dans les soutes des avions-cargos, des tonnes de plantes exotiques et d'animaux sauvages, vivants ou morts, transitent illégalement par « CDG ». L'aéroport a pris des allures de caverne d'Ali Baba de la contrebande d'espèces protégées. À deux pas des pistes, la direction des douanes de Roissy annonce la couleur au visiteur qui franchit ses portes.

Dans les armoires vitrées exposant les saisies douanières, les contrefaçons de sacs Vuitton, de montres

Rolex et de stylos Mont-Blanc voisinent avec des bracelets, des statuettes et une élégante maquette de voilier en ivoire. Sur les étagères, une tortue natator côtoie un crâne de lion, des hippocampes séchés, des fleurs de corail et une valve de bénitier. Espèce menacée de disparition, le plus grand mollusque au monde est chassé pour sa coquille aux reflets de nacre qui, une fois sculptée, ressemble à s'y méprendre à de l'ivoire.

À la fois point d'arrivée, de départ et escale des vols reliant l'Afrique, l'Europe et l'Asie, le terminal 2 de l'aéroport est le haut lieu de ces trafics. Mygales, chauves-souris, cadavres de singes, crocodiles découpés en morceaux… En inspectant les bagages, les douaniers en voient de toutes les couleurs. « Les techniques de dissimulation vont de la classique valise à double fond aux boîtes de pellicules Kodak remplies d'oiseaux cachées sous les vêtements[1] », confie Simon Decressac, directeur Voyageurs des douanes de Roissy.

Le plus éprouvant pour ses agents, ce sont les valises bourrées de nourritures odorantes à des stades variés de décomposition : poisson frais ou fumé, amas de viande saignante ou marinée, empaquetés dans des sacs en plastique, parfois grouillants d'asticots. À première vue peu ragoûtante, la viande d'antilope, de singe, d'agouti (un rongeur) ou de porc-épic est pourtant l'ingrédient

1. Entretien avec l'auteur le 12 juin 2024.

principal de plats traditionnels prisés par la diaspora africaine. Il est totalement interdit d'en importer en France.

Trafic à flux tendu de viande de brousse

« Cela fait peu de temps que je travaille à Roissy mais j'étais loin d'imaginer ce que je découvre aujourd'hui, avoue Simon Decressac. Sans porter de jugement sur leurs pratiques culturelles, nous voyons des gens arriver au T2 avec dans leur valise des kilos de poissons éviscérés ou des magmas de viande cuite difficilement identifiables. » Achetée 2 ou 3 euros le kilo sur les marchés de Bamako ou de Libreville et revendue entre 20 et 80 euros dans des épiceries parisiennes de produits exotiques, la viande de brousse fait l'objet d'un trafic à flux tendu.

« À Roissy, les plus gros trafics en valeur restent les stupéfiants, le tabac, les médicaments et les devises, mais en volume, les denrées périssables arrivent loin devant », souligne le patron des douanes en charge des voyageurs. En septembre 2023, sur un vol en provenance d'Abidjan, un contrôle systématique des bagages a abouti à la saisie de 155 kilos de produits alimentaires proscrits sur le sol français. Tous les passagers en avaient rempli leurs bagages à ras bord.

« Le volume des saisies a doublé en un an », indique Simon Decressac. Dans le lot, une vingtaine de tonnes de viande sont placées chaque année en chambre froide et incinérées. « La plupart du temps, souligne le responsable des douanes, il s'agit de trafic informel, mais nous avons aussi affaire à un trafic organisé qui approvisionne des restaurants de la région parisienne. »

Double menace pour la biodiversité et la santé humaine, la contrebande de viande de brousse est un sujet hautement sensible. « Cela fait des années que nous alertons sur ce trafic, rappelle Maud Lelièvre[2], présidente du Comité français de l'Union internationale pour la conservation de la nature (UICN). Il représente une atteinte grave à la biodiversité dans la mesure où il touche des animaux classés comme en danger ou vulnérables par la Cites, la Convention internationale de Washington sur les espèces protégées[3]. »

Les échantillons analysés par séquençage de leur ADN à la demande du WWF ont révélé que certaines viandes contrôlées par les douaniers étaient du chimpanzé, du crocodile ou du pangolin, mammifère le plus braconné au monde pour sa chair et ses écailles ; autrement dit, des espèces protégées dont le commerce et le transport sont totalement interdits.

2. Entretien avec l'auteur le 2 avril 2024.

3. Depuis 1975, la Convention sur le commerce international des espèces de faune et de flore sauvages menacées d'extinction (Cites), dite Convention de Washington, classe les espèces en trois catégories en fonction de leur degré de protection, de l'interdiction totale de leur commerce (annexe I) à des règles plus ou moins strictes de commercialisation (annexe II et III). Le classement est régulièrement mis à jour. La Convention de Washington a été signée par 184 pays.

Bombe sanitaire en puissance

Dans la même étude du WWF, une phrase fait froid dans le dos : « Des preuves scientifiques solides montrent qu'Ebola et le sida sont apparus chez l'homme suite à une transmission de virus par le biais d'activités liées à la viande d'espèces sauvages, tout comme la variole du singe et le coronavirus[4]. »

En clair, le trafic de *bushmeat* est une bombe sanitaire en puissance puisqu'il recèle des risques de zoonoses, ces maladies capables de se propager de l'animal à l'homme. « Il y a un vrai danger de mort et d'épidémies massives liées à de la viande sauvage contaminée et, si cela arrive, les autorités françaises seront responsables, car elles ont été prévenues », insiste Maud Lelièvre qui fait référence à la jurisprudence de l'affaire du sang contaminé qui a vu l'ex-Premier ministre Laurent Fabius traduit en justice à la fin des années 1990.

Face au péril, les douaniers de Roissy ont déjà fait jouer leur droit de retrait. « Des équipements spécifiques sont à leur disposition, blouses, gel de nettoyage et gants. Nous n'avons eu aucune alerte sanitaire jusqu'ici, mais les agents sont dans l'attente de solutions », reconnaît Simon Decressac. Sensibilisation des voyageurs, « chiens renifleurs », renforcement

4. WWF, « À point ou saignant ? La face cachée du commerce illégal de viande d'espèces sauvages touchant l'Europe », rapport, décembre 2023.

des effectifs douaniers, des contrôles, des sanctions... L'UICN a formulé des recommandations restées pour l'heure lettre morte.

« Nous avons proposé de limiter à 23 kilos le poids total des bagages en soute, contre 64 kilos maximum aujourd'hui, mais Air France[5] mène une intense campagne de lobbying contre cette mesure qui nuirait à ses intérêts économiques », proteste Maud Lelièvre. Pourtant, Simon Decressac approuve : « Si vous réduisez la capacité d'emport, vous réduisez la fraude, c'est mathématique. »

Les bagages sont bien la clé de voûte du trafic de viande de brousse et le système des contrebandiers est d'une redoutable efficacité. Ils remboursent une partie des billets aller-retour de ressortissants gabonais ou camerounais, résidents ou de passage en France. En retour, ces mules improvisées leur octroient les droits de bagages associés à leurs vols pour Libreville ou Yaoundé (2 valises en soute de 23 ou 32 kilos). Mis en contact avec un réseau spécialisé dont les membres officient clandestinement dans les boutiques africaines de Barbès ou de Saint-Denis, ils emportent, par exemple, des médicaments à l'aller et, au retour, ils remplissent leurs bagages de viande de brousse, voire d'animaux vivants. Un trafic de fourmi contre lequel les douaniers ne peuvent pas grand-chose.

5. Sollicitée, la compagnie Air France n'a pas répondu à nos questions.

À cet égard, les conclusions de la mission interministérielle sur le trafic d'espèces sauvages mise sur pied en 2023 sont édifiantes[6]. Les risques sanitaires sont « sous-évalués » et les pouvoirs publics « impuissants » à endiguer un trafic qui « déborde largement les capacités de contrôle ». « Au T2, quand vous avez le matin dix avions qui atterrissent avec chacun 300 personnes à bord, vous ne pouvez pas inspecter tous les bagages », confirme Simon Decressac.

Dans la cohue des passagers qui se présentent avec des bagages volumineux, amassant sur leurs chariots valises de grande taille et encombrants cartons bardés de ruban adhésif, « il faut assez rapidement lâcher du lest, sinon vous risquez des troubles à l'ordre public. C'est toujours très tendu, les passagers ne comprennent pas qu'on confisque leur cargaison de viande de brousse. » Régulièrement, des accusations de racisme fusent.

« Syndrome Amazon »

Au-delà de la viande de brousse, pour avoir une idée de l'ampleur de la contrebande, il faut se rendre dans la zone de fret où les avions-cargos de Fedex, DHL ou Sodexi déchargent leurs cargaisons. Dans ces « hubs », des millions de colis sont traités chaque année.

6. Idedd, IS-DGDDI, CGAAER, Mission interministérielle sur la lutte contre l'importation illégale de produits carnés et d'espèces protégées, décembre 2023.

« Leur nombre a explosé, c'est le syndrome Amazon dont profitent les trafiquants[7] », souligne Fabrice Gayet, spécialiste aux douanes des trafics de faune et de flore sauvages.

La voie aérienne est un mode de transport idéal, explique-t-il. « Les trafiquants savent bien que les voyages en soute ne posent pas de problème pour les animaux à sang froid comme les serpents, les araignées ou les tortues, qui se mettent en état d'hypothermie. Les plantes exotiques résistent, elles aussi, très bien. »

Face aux flots de colis qui défilent sur les tapis roulants des chaînes de tri, l'œil et le flair légendaires des douaniers ne suffisent plus à détecter les envois suspects. Pour les aider, la douane dispose au sein de son agence interne de renseignement, la DNRED[8], sorte de FBI des douanes, d'un groupe d'experts dédié aux espèces Cites.

S'appuyant sur l'analyse informatique des flux et sur ses propres enquêtes criminelles, il est chargé, en lien avec les cellules du renseignement déployées dans les aéroports, de détecter au plus tôt les trafics. À Charles-de-Gaulle plus qu'ailleurs, compte tenu des volumes, le rôle du renseignement est crucial.

7. Entretien avec l'auteur le 27 juin 2024.

8. Direction nationale du renseignement et des enquêtes douanières.

« Les informations circulent dans les deux sens, précise Nicolas[9] de la cellule de renseignement et de pilotage des contrôles de Roissy. On les fait remonter à la DNRED qui nous communique en retour les données des autres services de lutte antifraude. Nous sommes aussi en liaison avec Interpol et Europol. » Parfois, les douaniers interviennent après un tuyau provenant d'un informateur.

Récemment, raconte le jeune agent des douanes, « nous avons coincé un braconnier qui voyageait au Canada et en Norvège et avait monté un commerce illégal de peaux d'ours ». Plus terrifiant encore, une centaine de scorpions dictateurs au venin mortel, protégés par la Cites, ont été saisis vivants dans un colis envoyé du Cameroun à un Américain qui les vendait sur Facebook.

Au total, un quart des saisies hexagonales d'espèces menacées ou de produits qui en sont issus sont effectuées à Roissy. Caméléons, varans, écailles de tortues, hippocampes déshydratés, dents de tigres, griffes d'ours, fourrures, coquillages, bijoux en ivoire, articles de maroquinerie en peau de jaguar… L'un des trafics les plus lucratifs est celui du concombre de mer. Séché, il est considéré comme un aliment super-protéinique et paré de vertus médicinales en Asie où le « diamant noir des mers » se revend jusqu'à 3 000 euros le kilo.

9. Entretien avec l'auteur le 12 juin 2024. Le douanier n'a pas souhaité divulguer son nom de famille.

Sorcellerie et cérémonies vaudoues

De nombreuses saisies concernent aussi des crèmes de soin. Le lien avec les espèces menacées ne saute pas immédiatement aux yeux mais « certaines d'entre elles contiennent du caviar provenant d'esturgeons classés comme espèces protégées », explique Lætitia[10], experte Cites aux douanes de Roissy. En tête de ses trouvailles les plus marquantes, il y a la découverte de 169 tortues étoilées de Madagascar dans les doubles-fonds d'un colis. En voie d'extinction, elles valent des centaines d'euros pièce.

L'affaire la plus incroyable restera la macabre découverte, étalée sur plusieurs mois en 2022, de 392 têtes de singes des forêts et des savanes africaines. Encore couvertes de poils hirsutes, les yeux et la bouche clos, les traits figés par la mort, elles ont été saisies et remises au Muséum d'histoire naturelle d'Aix-en-Provence. Les crânes de chimpanzés, de macaques, de babouins et de mandrills décapités étaient expédiés en toute illégalité du Cameroun vers les États-Unis par « une organisation parfaitement structurée », selon Lætitia.

Cet effroyable trafic approvisionne des sociétés de chasse basées outre-Atlantique. « Elles offrent les crânes comme trophées à leurs membres, indique la contrôleuse des douanes. Les singes sont aussi victimes

10. Entretien avec l'auteur le 12 juin 2024. La douanière n'a pas souhaité divulguer son nom de famille.

de la mode des cabinets de curiosités qui fait que des gens décorent leur salon avec des crânes ou des squelettes d'animaux. » Plus étrange encore, la filière alimenterait des séances de sorcellerie ou des cérémonies vaudoues.

La contrebande de plantes exotiques en plein essor

Dans un tout autre genre, les saisies de plantes exotiques comme les euphorbes africaines et les succulentes de Madagascar explosent. Sur l'île, ces exportations illégales sont contrôlées par les mafias locales. Il faut savoir que les *pachypodium*, sortes de palmiers nains aux délicates fleurs blanches, « sont revendus jusqu'à 1 000 euros à de riches collectionneurs, mais leur abattage est si massif qu'il fait craindre la disparition de certaines espèces », s'alarme Lætitia.

Submergés, les douaniers de la zone de fret voient également déferler des cactus du Mexique, d'Argentine ou de Thaïlande. Cactus lune en forme de boule, cactus araignée, cactus fraise… « Un petit cactus *gymnocalycium* vaut 60 euros sur Internet alors que vous en trouvez à 1 euro sur les marchés en Thaïlande, signale Lætitia. Pour les vendeurs, c'est une très bonne affaire et c'est très peu risqué. »

Chaque jour, plus d'une dizaine de colis sont interceptés. Les saisies d'exportations illégales de plantes ont quadruplé entre 2021 et 2023 et les douaniers font face à des trafiquants de mieux en mieux organisés, de plus en plus ingénieux. Ils ont ainsi retrouvé des plantes rares cachées dans des jouets ou des peaux de fauve enroulées dans des peaux de buffle. « Une fois séchées, elles sont impossibles à distinguer, et à l'arrivée, un taxidermiste procède au noir à la séparation des peaux[11] », explique Laurent Rétière, l'un des référents Cites de l'OFB.

L'ivoire toujours aussi convoité

Si les saisies d'ivoire se font plus rares dans la zone de fret de Roissy, l'explication ne se trouve pas malheureusement dans le recul d'une contrebande responsable du massacre de dizaines de milliers d'éléphants et de rhinocéros chaque année. « Cela reste un trafic très important, se désole Lætitia. Mais aujourd'hui, les trafiquants préfèrent passer par les cargos qui assurent les liaisons maritimes directes entre l'Afrique et l'Asie, où une corne de rhinocéros peut se négocier 50 000 dollars le kilo. »

En France aussi, « le trafic de l'ivoire regagne du terrain », constate Mia Crnojevic du Fonds international pour la protection des animaux (Ifaw)[12]. Depuis les bureaux de l'antenne française de l'ONG, à Reims, la trentenaire scrute avec ses équipes l'évolution du trafic en ligne. Régulièrement, elle organise des séances

11. Entretien avec l'auteur le 15 juillet 2024.
12. Entretien avec l'auteur le 17 juin 2024.

de cybersurveillance sur les plateformes telles que Leboncoin, eBay, paruvendu ou naturabuy. « Nous repérons les annonces suspectes que nous signalons à l'Office français de la biodiversité ou aux douanes. »

« Au cours de la dernière séance de cybercontrôles en 2020, dit-elle, près de la moitié des annonces illicites portait sur des objets en ivoire. Depuis 2023, Leboncoin interdit leur vente sur son site, alors les vendeurs essaient de faire croire qu'il s'agit de plastique, de résine ou d'os de bœuf. » De son œil expert, la jeune femme repère facilement les stries caractéristiques de l'ivoire. « Si l'annonce indique que la livraison internationale est possible, précise-t-elle, c'est forcément illégal. »

Fei Chen, *« l'argent volant » asiatique*

Pour l'ivoire comme pour le reste, loin de ralentir, « le trafic d'espèces sauvages est reparti après le Covid avec une hausse de 30 % entre 2022 et 2023 », estime Lætitia. Chiffrée par Interpol à 20 milliards de dollars par an dans le monde, la criminalité environnementale a été scrutée à la loupe par le Groupe d'action financière, le Gafi, organisme intergouvernemental spécialisé dans la lutte contre le blanchiment des capitaux et le financement du terrorisme[13].

13. Gafi, « Blanchiment d'argent et commerce illégal d'espèces sauvages », rapport, 2020.

En amont, révèle le rapport, la corruption de gardes forestiers, de douaniers ou de juges « est monnaie courante », tandis que les contrebandiers sur le terrain sont payés par le biais de systèmes informels de transferts de fonds, tels que le *Hawala* moyen-oriental, utilisé par les groupes terroristes, ou le *Fei Chen*[14] (« argent volant ») asiatique. En aval, les ventes se font via des cartes prépayées, des banques mobiles ou le darknet, et les bénéfices sont blanchis dans le système financier légal et l'immobilier de luxe.

Les clients se bousculent : collectionneurs, éleveurs, animaleries, zoos privés, sociétés de safari. En cause également selon le Gafi, « des sociétés pharmaceutiques fabriquant des médicaments contenant des animaux sauvages » : le venin de serpent, les écailles de pangolin et la poudre d'os de tigre ou de corne de rhinocéros entrent dans la composition de remèdes prescrits par la médecine traditionnelle chinoise.

Capturés dans la majorité des cas par des organisations criminelles transnationales qui empruntent les mêmes routes que les trafiquants de drogue, « des reptiles et des espèces marines protégées sont exploités pour le

14. *Hawala* et *Fei Chen* désignent des réseaux informels de transfert de fonds. Apparus comme systèmes de paiement dans les premiers échanges commerciaux le long de la Route de la soie, ils permettent de déposer à un endroit du monde une somme d'argent qui sera versée par un intermédiaire proche du destinataire des fonds. Il est utilisé par les travailleurs émigrés mais aussi par les réseaux criminels ou terroristes pour l'achat d'armes, le blanchiment et l'évasion fiscale.

bénéfice de marques de luxe et de mode », a relevé Interpol à l'issue du dernier coup de filet, mené en 2023 dans une centaine de pays avec l'Organisation mondiale des douanes[15]. Une réalité que Laurent Rétière de l'OFB, observe tous les jours en Occitanie où il travaille.

« Il y a peu, nous avons découvert près de Nîmes des sacs en peau de python de Seba, le plus grand python africain, et 400 kilos de peaux de varans du Nil. Nous avons calculé que, pour obtenir ces peaux de sauriens, il avait fallu tuer 40 000 varans. » Mises à la queue leu leu, les dépouilles des redoutables « dragons de Komodo » formeraient une file de 40 kilomètres de long !

Si les grandes marques de mode, de Gucci à Yves Saint Laurent, ont renoncé à la fourrure sauvage, « la France reste le plus gros exportateur au monde de maroquinerie fabriquée à partir de cuir de crocodile, note l'inspecteur de l'OFB. Certes, ils s'approvisionnent auprès de fermes d'élevage censées garantir l'origine légale des peaux, mais derrière ce commerce légal, le commerce illégal et les contrefaçons prospèrent. »

Sex-toys en ivoire

Le pire, peut-être, est que ce business se nourrit de la passivité coupable des commerçants et de l'inconscience des consommateurs. « On a pris sur le fait un bijoutier

15. Communiqué de presse d'Interpol daté du 3 juillet 2024.

qui vendait des griffes de lion, convaincu par le revendeur qu'elles étaient récupérées sur les arbres où les fauves se font les griffes, se souvient Laurent Rétière. De nombreux commerçants ne se rendent pas compte qu'ils enrichissent les trafiquants et l'économie parallèle. »

De Port-Barcarès à La Grande-Motte, « entre les maillots de bain et les serviettes de plage, vous trouvez dans les boutiques de souvenirs des colliers de dents de requin Mako ou requin-taupe bleu, qui est une espèce protégée, s'indigne-t-il. Ils sont achetés 4 centimes en Indonésie et revendu 10 euros pièce. Un importateur de Servian, à côté de Béziers, a été condamné à de la prison avec sursis et 20 000 euros d'amende pour avoir rapporté de Taïwan 1 500 mâchoires de requin-marteau. » Un millier et demi de squales tués pour des babioles valant quelques euros !

« Nous avons démantelé près de Sète un atelier clandestin de sex-toys en ivoire revendus à des collectionneurs de la région de Cannes, poursuit Laurent Rétière, et nous venons de saisir des boucles d'oreilles en plumes d'ara, un perroquet menacé d'extinction. » Sur fond de dérèglement climatique, le business mondial des objets fabriqués à partir d'espèces menacées, plus encore que la contrebande d'animaux vivants, est un redoutable accélérateur de l'érosion de la biodiversité.

« Les commerçants qui vendent des articles en ivoire, des colliers en dents de requin, des bijoux en corail ou des mâchoires de poisson-scie parce que c'est sympa et que ça leur rapporte de l'argent doivent prendre conscience, avec leurs clients, qu'ils participent au pillage de la nature et à la disparition de la faune et de la flore sauvages », exhorte Laurent Rétière.

Parmi les espèces protégées qui transitent clandestinement par l'aéroport de Roissy-Charles-de-Gaulle, la plus lucrative est sans aucun doute la civelle. Aux mains des triades chinoises, la contrebande des alevins d'anguille, pêchés sur les côtes françaises et revendus à prix d'or en Asie, rapporte chaque année plusieurs milliards de dollars.

CHAPITRE 2

LES BÉBÉS ANGUILLES, CIBLES DES TRIADES CHINOISES

Grossistes, revendeurs, comptes offshore dans des paradis fiscaux et valises de billets, sans oublier une brochette de figures du banditisme : rien ne manque à la panoplie du parfait gang de narcotrafiquants. Mais depuis quelques années, de tels réseaux écoulent aussi… des civelles, les bébés de l'anguille.

Difficile à imaginer lorsque l'on voit frétiller ces alevins, sortes de vermicelles translucides et gluants d'une dizaine de centimètres, autrefois abondants sur toute la façade atlantique de la Bretagne au Pays basque. Pourtant, la civelle, ou pibale comme on dit dans le Sud-Ouest, est bel et bien devenue la cible du crime organisé. Au cours des vingt dernières années, on est passé d'un braconnage artisanal à un pillage en règle par des filières mafieuses.

« En 1998, je travaillais à Saint-Nazaire, il y avait déjà de la contrebande de civelles mais, après 2010, le phénomène a explosé », observe Henry[1], en poste à l'Office national antifraude (Onaf) des douanes de Bordeaux. Les mesures de protection de l'anguille, inscrite dès 2009 sur la liste des espèces protégées et qu'il est interdit d'exporter hors de l'Union européenne depuis 2010, ont donné le coup d'envoi à un gigantesque trafic international.

« Pendant longtemps, on a cru que des pêcheurs professionnels capturaient des civelles hors des quotas autorisés et approvisionnaient des mareyeurs qui mélangeaient activité légale et illégale, explique Guillaume Rulin, chef de projet à l'OFB, expert de la lutte contre les trafics de poissons migrateurs. Quand on a cessé d'interpeller les petits contrebandiers pour remonter les filières, on a découvert que l'on avait affaire à de la criminalité organisée[2]. »

Du menu fretin, on est passé aux gros poissons. Pourquoi les réseaux criminels s'intéressent-ils tant aux civelles, longtemps considérées comme le plat du pauvre ? L'explication est simple. En moins d'un demi-siècle, les populations de bébés anguilles se sont effondrées, décimées notamment par la pollution des rivières. Or, ce qui est rare est cher, surtout quand, à 10 000 kilomètres de là, les Asiatiques raffolent de la chair de ce poisson, réputée là-bas pour ses vertus aphrodisiaques, dopantes et antivieillissement.

1. Entretien avec l'auteur le 8 août 2024. Le prénom a été modifié pour préserver l'anonymat de notre interlocuteur.

2. Entretien avec l'auteur le 1er août 2024.

L'insatiable appétit des Asiatiques

Au Japon, l'anguille est savourée fumée, en sushis ou en brochettes grillées au feu de bois selon la recette traditionnelle du *kabayaki*. Problème : si les Japonais et les Coréens, mais aussi les Thaïlandais ou les Vietnamiens, sont de gros consommateurs d'anguilles, l'espèce locale, l'*Anguilla Japonica*, victime de la surpêche, a quasi disparu. L'insatiable appétit des Asiatiques s'est donc reporté sur la variété européenne, l'*Anguilla Anguilla*, que des trafiquants chinois leur fournissent à prix d'or.

Logiquement, en France, de loin le plus gros producteur européen d'anguilles, les prix de la civelle ont flambé. « Voilà pourquoi on l'a baptisée l'or blanc des contrebandiers », signale Guillaume Rulin. Les pêcheurs la revendent au marché noir 200 à 300 euros le kilo. Dix fois le tarif à la criée du kilo de langoustine ! Et plus on grimpe dans la hiérarchie du trafic, plus les gains s'envolent.

Démonstration avec le démantèlement en 2019 d'une filière de braconniers de civelles dans l'estuaire de la Gironde. Les pêcheurs français cédaient le kilo pour 200 euros à des mareyeurs espagnols qui le revendaient 800 euros à des Chinois installés au Portugal. De là, la marchandise s'envolait vers la Chine où elle était facturée de 2 000 à 6 000 euros le kilo. À cette ultime étape, au sommet de la pyramide du trafic, les bénéfices grimpent encore en flèche.

En bout de chaîne, explique Guillaume Rulin, « les Chinois engraissent les civelles dans d'immenses fermes aquacoles. Un alevin braconné en France et acheté 10 centimes pièce sera revendu, une fois adulte, de cinquante à cent fois plus cher sur les marchés aux anguilles du Japon. » Sacrée culbute financière !

Aubaine supplémentaire pour les trafiquants, ils doivent en permanence réapprovisionner le marché puisque l'anguille ne peut se reproduire en captivité. Espèce nimbée de mystère, l'anguille obéit en effet à un cycle de vie fascinant. Depuis nos rivières, elle rejoint l'Atlantique Nord pour frayer au large de la Floride, en mer des Sargasses, au terme d'une incroyable odyssée de 6 000 kilomètres dans les grands fonds marins.

En sens inverse, les larves, portées par les courants du *jet-stream*, reviennent sur nos côtes et se muent en civelles. Elles remontent les cours d'eau avant de se transformer, vingt ans plus tard, en anguilles adultes aux reflets argentés qui répondront, à leur tour, à l'appel des Sargasses.

3 milliards de profits illégaux par an

Un poisson rare, très prisé en Asie et impossible à reproduire en captivité ? La pêche illégale est forcément miraculeuse. Selon Europol, l'organisme européen de coopération policière, « le trafic de civelles est l'un des trafics illégaux d'espèces protégées les plus importants et les plus lucratifs au monde, avec des profits estimés à 3 milliards d'euros dans les années les plus fastes[3]. » Soit l'équivalent d'un tiers des gains générés par la cocaïne en Europe.

Tout le monde veut profiter de la machine à cash. « Un jour, un mareyeur que j'avais arrêté m'a affirmé être soulagé de s'être fait prendre », rapporte Romain[4], un gendarme, en poste plusieurs années à l'Office central de lutte contre les atteintes à l'environnement et à la santé publique (Oclaesp). « Il faut arrêter tout ça, m'a-t-il dit. La profession est complètement gangrenée. Les gens voient les petits copains se faire un maximum de fric au noir en vendant de la civelle aux Chinois, alors ils font comme tout le monde. »

Du côté des trafiquants, « la civelle rapporte des sommes folles et le trafic est moins risqué que la drogue, poursuit Romain, il n'y a pas de règlements de comptes à la kalachnikov entre bandes rivales. Voilà pourquoi la mafia chinoise a mis la main dessus. Quand je disais ça au début, on ne me prenait pas au sérieux. La suite a prouvé que j'avais raison. »

À Bordeaux, en Vendée, en Île-de-France, les affaires de civelles s'enchaînent. Au point que douaniers, policiers et gendarmes doivent se coordonner étroitement pour éviter de se marcher sur les pieds. « Il m'est arrivé de partir perquisitionner un contrebandier, se souvient

3. https://urlz.fr/tGBj

4. Entretien avec l'auteur le 9 novembre 2023. Le prénom a été modifié pour préserver l'anonymat de notre interlocuteur.

Guillaume Rulin de l'OFB. J'ai tout arrêté quand des collègues d'un autre service m'ont informé qu'ils le surveillaient depuis des mois pour essayer de remonter la filière. »

Au fil des enquêtes, l'organisation bien huilée des réseaux criminels et les circuits par lesquels les précieux alevins quittent l'Europe sont mis au jour. « Dans les dernières affaires, nous avons identifié plusieurs modes opératoires », confie le général Sylvain Noyau, chef du Commandement pour l'environnement et la santé (Cesan) de la gendarmerie[5].

Première solution, les civelles sont congelées et transitent par les pays de l'Est ou la Turquie avant de partir vers l'Asie en avion-cargo. En Chine, on préfère toutefois les alevins vivants afin d'en faire l'élevage. Il faut alors faire vite. La civelle ne survit que vingt-quatre heures environ hors de son milieu naturel. Les alevins vivants partent donc directement des aéroports français, belges ou néerlandais et, comme pour les stupéfiants, les trafiquants utilisent des « mules » qui font la navette entre l'Europe et l'Asie.

Des « mules » venues du Vietnam ou de Malaisie

Signe du caractère particulièrement lucratif de ce trafic pas comme les autres : « Pour une valise de 30 kilos de

5. Conférence sur la surpêche donnée le 12 juillet 2024 devant l'Académie de la Mer de Monaco.

civelles, il vaut la peine de faire venir spécialement une "mule" du Vietnam ou de Malaisie, de lui payer le billet aller-retour, des nuits d'hôtel à Paris ou à Lyon, et de la rémunérer pour son déplacement », souligne le général Noyau. Les civelles voyagent tels des passagers clandestins grâce à un stratagème particulièrement astucieux.

Au QG de la douane à Roissy, élégant bâtiment blanc en forme de proue de bateau posé près des pistes de l'aéroport, Simon Decressac détaille le dispositif. « Les mules arrivent à Paris et repartent avec deux valises de 30 kilos chacune remplies de civelles. L'intérieur des bagages est recouvert de polystyrène et les alevins baignent dans des poches d'eau étanches refroidies par des bouteilles d'eau congelée. »

Avant de prendre l'avion, les civelles, arrivées d'Espagne, font donc une escale à Paris histoire de reprendre des forces. Pour preuve, en février 2023, les douanes et l'OFB ont démantelé dans un pavillon de Villeneuve-Saint-Georges en banlieue parisienne un atelier clandestin de conditionnement tenu par des Chinois et spécialement équipé pour le grand voyage : bassins de réoxygénation, bonbonnes d'oxygène, matériel de pesée, valises aux parois tapissées de polystyrène, congélateur rempli de bouteilles d'eau glacée… en plus du matériel indispensable à ce trafic particulier. 300 kilos d'alevins d'une valeur de 2 millions d'euros ont été saisis.

Les enquêteurs ont mis au jour un circuit criminel parfaitement organisé opérant depuis la France vers l'Asie via le Sénégal, où les cargaisons de civelles étaient maquillées en expéditions d'anguilles du Mozambique, une espèce non protégée. Le réseau aurait ainsi exporté par avion près d'une tonne de civelles par mois à destination de Hong Kong.

Dans le coup de filet, un total de treize trafiquants sont tombés dont des ressortissants chinois, des Thaïlandais et des Nantais qui capturaient les alevins dans l'estuaire de la Loire. Au terme de cette affaire « extraordinaire » qui s'apparente « beaucoup au trafic de stupéfiants », a souligné la procureure de la République du tribunal de Créteil, les deux trafiquants chinois, considérés comme les têtes pensantes et les organisateurs de ce réseau tentaculaire, ont été condamnés le 10 avril 2025 l'un à cinq ans et l'autre à un an de prison ferme[6].

D'autres réseaux comme celui-ci opèrent en France. En fait, le manège des civelles voyageant dans des valises aménagées est incessant. À la douane de Roissy, Simon Decressac feuillette un petit carnet noir dans lequel il note scrupuleusement toutes les saisies. « En mai 2024, par exemple, on a saisi 44 kilos de civelles dans les bagages de deux Malaisiens qui partaient pour Hanoï. Depuis le début de l'année, nous avons procédé à une demi-douzaine de retenues douanières[7] et saisi 160 kilos de civelles. Le même type de trafic part de Madrid ou

6. Il sera question tout au long du livre d'instruction judiciaire, de procès et de jugement. Il est donc important de rappeler qu'en droit toute personne suspectée ou poursuivie est présumée innocente tant que sa culpabilité n'a pas été établie.

7. L'équivalent douanier de la garde à vue policière.

de Lisbonne. On a remarqué que, pour éviter de se faire repérer, les mules scindent leur trajet en effectuant un vol intra-européen avant d'embarquer pour l'Asie. »

Lors d'un autre coup de filet baptisé « Taxivelles » par les gendarmes, « j'ai mis un Chinois en garde à vue. À ma grande surprise, il a commencé à me parler, confie Romain. Son rôle consistait à convoyer les civelles de Bordeaux à Lyon où elles prenaient l'avion pour Hanoï. À chaque transfert, il était payé 1 000 euros, sachant qu'il en effectuait un par semaine entre septembre et juin. Il m'a dit n'être que l'une des fines branches d'un arbre qui en compte des dizaines en Europe. »

Les bébés anguilles sont parfois convoyés depuis l'Espagne vers Roissy, Madrid ou Bruxelles à bord de grosses cylindrées, précédées comme pour les stupéfiants d'une voiture ouvreuse. Afin de ne pas être localisées, elles sont équipées de détecteurs de balises servant à tracer les véhicules et utilisent des techniques de contre-filature afin de semer d'éventuels poursuivants. « On ne voit cela que dans le grand banditisme », souligne le général Noyau.

Parmi les derniers exemples en date, quatre individus ont été interpellés en mars 2023 lors d'un *go fast* intercepté par les gendarmes de l'Oclaesp et l'OFB. Pour bloquer en Vendée le convoi qui roulait à toute allure vers l'Espagne avec à son bord près de 120 kilos de civelles, les enquêteurs n'ont pas hésité à faire appel au GIGN. Les quatre hommes ont aussitôt été mis en examen et emprisonnés.

Lors de ces convoyages express, les trafiquants sont prêts à tout, y compris, en cas de contrôle, à graisser la patte des forces de l'ordre. « En posant des micros, on a entendu que des caches remplies d'argent liquide étaient aménagées dans les véhicules, affirme le général Noyau. Ces sommes leur servent à tenter de corrompre les policiers, les gendarmes ou les douaniers qui se seraient intéressés d'un peu trop près à la cargaison. »

Le schéma criminel ne serait pas complet sans le blanchiment des sommes faramineuses brassées par les trafiquants. « Pour rémunérer les pêcheurs et les mareyeurs, détaille Sylvain Noyau, l'argent d'Asie atterrit dans les pays de l'Est sur les comptes de sociétés-taxis gérées par des hommes de paille. De là, de fausses factures sont émises vers des sociétés fictives aux Caraïbes qui virent les fonds aux différents échelons. »

Contre un tel ennemi, « nous utilisons exactement les mêmes méthodes que celles employées contre le grand banditisme », conclut le haut gradé de la gendarmerie. En effet, dans la lutte contre le trafic d'espèces protégées en bande organisée, la loi Biodiversité de 2016 autorise les services de police judiciaire à recourir, sous l'autorité d'un juge, aux techniques spéciales d'enquête réservées jusqu'ici aux crimes les plus graves : écoutes téléphoniques, pose de micros, balisage de véhicules, filatures…

L'affaire « Civelles 40 »

À partir de 2016, le combat contre la « civelle connexion » va donc s'intensifier. Le premier gros coup de la douane et de la gendarmerie sera l'affaire « Civelles 40 », nom de code qui fait référence au département des Landes, d'où part l'affaire. À l'antenne bordelaise de l'Onaf, le service des enquêtes judiciaires des douanes, Henry a accepté de nous raconter les coulisses de cette traque exceptionnelle qui a abouti en 2021 au démantèlement d'un impressionnant trafic international.

Tout commence en janvier 2017, lorsque les douaniers d'Arcachon contrôlent au péage de Saugnac-et-Muret, sur l'A63, un camion qui remonte d'Espagne. À bord, des caisses remplies de crevettes destinées à la Thaïlande. « Aux yeux d'un douanier, décrypte Henry, les crevettes, c'est suspect. Elles sont parfois utilisées pour masquer l'odeur du cannabis. » Les fonctionnaires y regardent de plus près et tombent sur près de 800 kilos de civelles. Une saisie record.

Les deux Espagnols qui conduisent le véhicule sont interpellés. Un mois plus tard, une autre saisie de 200 kilos de civelles a lieu, cette fois dans la zone de fret de Roissy. Même technique de dissimulation sous des caisses de crevettes, même société d'export française, et même société destinataire en Thaïlande. Les douaniers font le lien. « Entre 2014 et 2017, ces sociétés ont expédié 27 tonnes de civelles vers la Thaïlande », indique Henry.

Épaulés par les gendarmes de l'Oclaesp, les douaniers décortiquent la mécanique du trafic. Pêchées en France, les civelles font un séjour dans les viviers clandestins d'un grossiste espagnol, un malfrat notoire connu pour des faits de proxénétisme et de contrebande de cigarettes, et condamné en Côte d'Ivoire pour trafic de cocaïne.

Après l'étape espagnole, les civelles sont expédiées par la route à Roissy où elles font l'objet de fausses déclarations en douane. En Chine, elles sont élevées par des pisciculteurs probablement contrôlés par les triades. Une autre filière passe par les pays de l'Est. Les trafiquants y détournent des civelles exportées en Bulgarie ou en Roumanie dans le cadre de programmes officiels de repeuplement de l'espèce.

Dans tous les cas, l'argent venu d'Asie pour payer les fournisseurs européens transite par des comptes en Bulgarie, en Roumanie ou en Slovaquie. Des flux financiers qui évoluent sans cesse pour brouiller les pistes. « Après les pays de l'Est, détaille Henry, des sociétés-taxis ont pris le relais en Pologne, en Belgique, en Lituanie et aux Pays-Bas. Les trois quarts d'entre elles étaient gérés par une femme, une Chypriote née en Bulgarie, en lien avec la mafia bulgare. » Elle serait, dit-on, la maîtresse de l'un des plus puissants parrains bulgares.

Pendant l'enquête, les affaires continuent : 350 kilos de civelles sont saisis à Biriatou à la frontière espagnole, près de 900 kilos à Pau dans deux fourgons aménagés en viviers, et la police intercepte à l'aéroport de Bilbao des fortunes en liquide destinées à être blanchies en République dominicaine.

Comptes offshore et fausses factures

Il faut d'urgence faire tomber le réseau. Le mareyeur tête de pont du réseau en France est placé en garde à vue. Puis, avec le renfort d'Europol et de la Guardia civil, les enquêteurs perquisitionnent chez le grossiste espagnol. Ils y trouvent un ordinateur et des téléphones portables dans lesquels apparaissent les fausses factures, les virements sur un compte offshore en Irlande, les versements en liquide rémunérant les fournisseurs de civelles.

« Le cash passait par le système traditionnel de blanchiment dit de compensation, la marque de fabrique des Chinois », précise Henry. Dès que le commanditaire en Chine a viré l'argent sur un compte bancaire à Hong Kong, le montant est aussitôt reversé en liquide par des membres de la diaspora lors de rendez-vous discrets dans l'arrière-boutique d'un commerce ou d'un entrepôt d'import-export tenus par des Asiatiques.

En juin 2021, après quatre ans d'enquête, une dizaine d'individus sont mis en examen en France et en Espagne. Ils sont soupçonnés d'avoir exporté illégalement vers l'Asie 46 tonnes de civelles au total qui ont généré 50 millions de gains. Sur le bureau du juge à Bordeaux, le dossier « Civelles 40 » est colossal. Il compte une trentaine de tomes et des milliers de pages d'auditions et de commissions rogatoires, des flux financiers détectés dans une dizaine de pays et des demandes d'entraide pénale internationale envoyées en Espagne, en Irlande, en Lituanie, en Hongrie, à Chypre et à Hong Kong…

Le procès de cette affaire hors norme devrait se tenir en 2025 ou 2026. À la barre, il sera question de trafic d'espèces protégées, de mystérieux donneurs d'ordre chinois sur lesquels pèse l'ombre des triades, de mafieux bulgares, d'un narcotrafiquant espagnol et de sociétés-écrans dans des paradis fiscaux. « C'est la plus grosse affaire que j'ai eue à traiter, s'enorgueillit l'agent de l'Office antifraude à Bordeaux. Le fait d'avoir démantelé le réseau a déstabilisé le système en place. »

D'autant qu'une autre enquête, baptisée « Anguilla 33 », a donné lieu le 10 mai 2023 à l'arrestation d'une trentaine de trafiquants en France, en Belgique, en Pologne et en Espagne. À la tête de cet autre réseau, on trouverait un puissant mareyeur surnommé « Tarzan », ancien membre de l'ETA, le groupe terroriste de « libération » du Pays basque. Côté français, un Breton originaire de Roscoff, qui approvisionne en homards des tables parisiennes, aurait servi de couverture à « Tarzan » pour l'exportation des civelles vers l'Asie.

Au total, les forces de sécurité européennes impliquées dans l'opération ont interpellé 27 trafiquants présumés. D'après les investigations, près de 4 tonnes d'alevins ont été exportées frauduleusement entre 2021 et 2023, pour un bénéfice estimé à plus de 1 million d'euros.

Plusieurs filières décapitées

Un mois plus tard, l'opération « Lake », lancée par Europol dans 32 pays, porte un nouveau coup dur aux trafiquants d'alevins. Elle débouche en effet sur l'arrestation de plus de 256 personnes soupçonnées de trafic parmi lesquelles des ressortissants chinois, malaisiens, français, espagnols et portugais. La prise est d'autant plus spectaculaire que les forces de police interpellent 2 parrains présumés de ce trafic international de civelles et 50 de leurs plus proches hommes de main supposés. Rien qu'en Espagne, la Guardia civil démantèle trois réseaux ayant des ramifications en France et au Portugal.

Depuis le début de l'opération « Lake » en 2016, plus de 750 malfaiteurs ont été arrêtés dans le monde et 26 tonnes de civelles rendues à leur habitat naturel. « Ces succès perturbent considérablement les réseaux criminels impliqués dans ce trafic de plusieurs milliards d'euros par an[8] », se félicite Europol.

Plusieurs filières décapitées en l'espace de quelques mois ! Effectivement, l'épisode a créé des remous jusqu'en Chine où les triades, en cheville jusqu'ici avec la mafia bulgare et des grossistes espagnols, auraient décidé de prendre les choses en main. Elles ont fait le ménage parmi les fournisseurs, recruté de nouveaux intermédiaires, et envoyé sur le Vieux Continent leurs propres ambassadeurs.

---

8. https://urlz.fr/tGBj

« Les choses bougent, confirme le douanier de l'Office antifraude de Bordeaux. En France, des Chinois se sont installés dans les banlieues, au plus près des grands aéroports. En Seine-Saint-Denis ou près de Lyon, ils ont loué des villas équipées de bassins pour réoxygéner les alevins. » Au-delà de nos frontières, les mafieux chinois ont débarqué au Portugal ou en Belgique.

« Depuis trois ans, avec l'Oclaesp et les douanes, nous avons mené à bien de très belles affaires, mais ce n'est pour autant que l'on a porté un coup fatal au trafic, admet Guillaume Rulin. Quand vous démantelez un réseau vers la Thaïlande au départ de la France, un autre se crée qui passe par le Sénégal ou la Pologne. Parmi les outils mis en œuvre pour contrecarrer ces trafics, les pêcheurs professionnels vont être obligés de peser et de télédéclarer leur pêche en temps réel à la descente du bateau. Ça rendra la triche plus compliquée. »

Mais il reste d'énormes trous dans la raquette par lesquels pourront toujours se faufiler les trafiquants. « Il n'existe pas de document de traçabilité des poissons à l'échelle européenne, déplore Guillaume Rulin. Quant aux programmes européens de repeuplement de l'espèce, ils ne font l'objet d'aucun contrôle. Les civelles achetées 250 euros le kilo par les États de l'UE peuvent très bien se retrouver sans que l'on puisse le vérifier dans des fermes piscicoles en Asie. »

Dans ces conditions, le plus simple ne serait-il pas d'interdire purement et simplement le commerce de civelles originaires de l'Atlantique, comme c'est déjà le cas en Méditerranée ? « Cela faciliterait le travail des enquêteurs, dans la mesure où les trafiquants n'auraient plus la possibilité de se cacher derrière une activité légale, argumente Guillaume Rulin. En Méditerranée, si vous trouvez de la civelle sur un bateau, c'est de la contrebande. »

En 2022, la Commission européenne s'était prononcée en faveur d'une telle interdiction avant de reculer sous la pression des professionnels du secteur. La tentation reste donc forte de se constituer en sous-main une jolie cagnotte avec ce trafic qui continue de prospérer sur toute la façade atlantique.

En mars 2025, le parquet de La Roche-sur-Yon en Vendée a annoncé l'arrestation de cinq pêcheurs professionnels soupçonnés d'avoir organisé un réseau d'exportation clandestine vers l'Espagne pour un gain estimé à près de 500 000 euros. Les enquêteurs de l'OFB et de l'Oclaesp ont saisi de grosses sommes en liquide ainsi qu'une Porsche. Ressortis libres de leur garde à vue, les suspects risquent sept ans d'emprisonnement et 750 000 euros d'amende pour trafic en bande organisée.

Les contrebandiers vendéens d'alevins d'anguille ne sont pas les seuls à violer la loi dans une profession mal en point, au sein de laquelle certains patrons pêcheurs s'adonnent massivement, et bien au-delà des civelles, à la pêche illégale d'espèces menacées d'extinction.

CHAPITRE 3

CRIMES EN HAUTE MER

La criminalité environnementale prend souvent ses quartiers dans des endroits charmants. Entre Dieppe et Le Touquet, voici Le Tréport, l'une des perles de la Côte d'Albâtre. Derrière les allures de carte postale du charmant village normand niché à l'ombre des falaises de craie blanche, les touristes ne se doutent pas qu'un intense braconnage en mer a lieu.

Cet envers du décor, le colonel Florian Manet l'a exploré de fond en comble lorsqu'il dirigeait, entre 2015 et 2018, la section de recherches de la gendarmerie maritime. Forte d'une cinquantaine d'enquêteurs à Brest, Cherbourg et Toulon, elle assure notamment la protection des bases de sous-marins nucléaires. Parmi ses missions : la lutte contre la pêche illégale.

Sous le commandement du colonel Manet, la section de recherches va faire tomber l'un des principaux bandits des mers du Tréport. L'enquête est déclenchée quand, lors d'un contrôle, on découvre à bord d'un de ses bateaux une cargaison de moules et de coquilles Saint-Jacques qui dépasse les quotas autorisés. Au total, les enquêteurs retrouveront la trace d'un millier de tonnes de coquillages pêchés illégalement entre 2015 et 2016. De telles quantités mettent en péril la reproduction des précieux mollusques.

« La première année, les deux tiers de ce qu'a pris le patron pêcheur du Tréport l'ont été hors quota, mais la deuxième année, ses bateaux ramenaient dans leurs filets des moules et des coquilles trop petites, explique Florian Manet. Cela signifie qu'ils avaient tellement raclé les fonds de l'estuaire de la Seine que les populations de mollusques n'avaient pas eu le temps de se reconstituer[1]. »

L'ampleur des faits pousse le haut gradé à prendre une décision inhabituelle. « Je n'ai pas traité cette affaire comme une simple infraction au Code de la pêche, passible de 20 000 euros d'amende, dit-il, mais comme une véritable affaire criminelle commise en bande organisée, puisqu'elle impliquait le patron pêcheur, ses capitaines et les mareyeurs qui lui achetaient la marchandise. » Avec l'aval du parquet d'Amiens, les enquêteurs sortent l'artillerie lourde : balisage des véhicules, pose de micros… « On a même installé des caméras de surveillance sur les quais du Tréport où il déchargeait ses bateaux. »

À son procès, l'homme, dont les biens ont été saisis à hauteur de 1 million d'euros même s'il reste à ce

1. Entretien avec l'auteur le 24 mai 2024.

stade présumé innocent, sera jugé pour pêche illégale, escroquerie, fraude fiscale et blanchiment. « On l'a aussi fait tomber pour mise en danger de la vie d'autrui, précise le colonel Manet. L'un de ses bateaux a coulé parce qu'il exigeait toujours qu'ils soient chargés à ras bord. »

Ce pêcheur du Tréport n'est pas un cas isolé. Au printemps 2024, une mareyeuse accusée d'avoir vendu au marché noir pour 1 million d'euros de coquilles Saint-Jacques a été condamnée à deux ans de prison ferme. « Ce sont des cow-boys qui se croient au-dessus des lois, assène le colonel Manet. Ils sont persuadés qu'ils passeront toujours entre les mailles du filet et font dériver leur activité vers des pratiques criminelles. »

Le braconnage en mer, un sport national

Tout au long du littoral français, le braconnage en mer s'est hissé au rang de sport national. La géographie y est pour beaucoup. « Avec un territoire maritime de 10 millions de km^2, le plus grand au monde après celui des États-Unis, la France est particulièrement exposée[2] », confirme le général Sylvain Noyau.

En Bretagne, on braconne le pouce-pied, crustacé protégé mais très recherché en Espagne où on le déguste en *tapas*. Au large de la Martinique, de la Guadeloupe,

2. Conférence sur la surpêche prononcée le 12 juillet 2024 devant l'Académie de la mer de Monaco.

de la Guyane et de la Nouvelle-Calédonie, les eaux poissonneuses n'échappent pas au braconnage. À Mayotte, des réseaux de contrebandiers s'en prennent aux tortues marines dont la chair, revendue jusqu'à 60 euros le kilo, est réputée selon les croyances locales avoir des vertus médicinales et aphrodisiaques.

Aux Antilles, le lambi est l'objet de toutes les convoitises. Devenu un produit de luxe, ce mollusque rose argenté, inscrit sur la liste des espèces protégées par la Convention de Washington, est un mets traditionnel de la gastronomie créole. « Le lambi est très prisé par les consommateurs locaux et les touristes, mais la surpêche en a réduit drastiquement les stocks, il est donc interdit de pêche six mois de l'année[3] », indique Joëlle Casanova, ancienne substitute au parquet de Fort-de-France.

Cette interdiction est à l'origine d'un trafic de grande ampleur. En plus des pêcheurs martiniquais qui enfreignent la loi, attirés par l'appât du gain, les lambis sont importés illégalement à bord de yoles depuis les îles voisines de Sainte-Lucie ou de Saint-Vincent et les Grenadines et de toute la Caraïbe. En mars 2025, les douanes ont réalisé une saisie « historique » en Guadeloupe de plus de 400 kilos de chair de lambis congelée d'une valeur de 10 000 euros, lors du contrôle nocturne d'un bateau de pêche en provenance

3. Joëlle Casanova a été détachée le 1er septembre 2024 à l'École de la magistrature.

de l'île d'Antigua-et-Barbuda à 70 milles nautiques au nord de Pointe-à-Pitre.

Les contrebandiers sont difficiles à débusquer autour de la Guadeloupe et de la Martinique, dans un espace maritime de 150 000 km², soit un territoire cinq fois plus vaste que la Belgique ! La même difficulté existe en Nouvelle-Calédonie. « Des *blue boats* vietnamiens sont venus piller les hauts-fonds marins. Mais comment surveiller des eaux territoriales qui font trois fois la superficie de l'Espagne ? s'interroge le colonel Manet. Un jour, un avion de la marine a repéré une flottille au nord de l'archipel. Les embarcations étaient à deux jours de mer de Nouméa. Le temps que nous arrivions, les pêcheurs vietnamiens s'étaient évanouis dans la nature. »

Parfois, les forces de l'ordre l'emportent dans cette version maritime du jeu du chat et de la souris. En juillet 2024, des trafiquants pistés durant un an par les agents de l'OFB ont été lourdement condamnés par le tribunal de Fort-de-France. Dans les deux affaires, les têtes de réseau ont écopé d'un an de prison ferme.

Dans les Caraïbes, le Pacifique ou l'Atlantique, on est loin aujourd'hui de la contrebande familiale d'antan. Partout, le pillage des ressources de la mer se pratique désormais à grande échelle. « En 2023, plus de 240 tonnes de poissons pêchés illégalement par des ligneurs, des yoles ou des tapouilles[4] venus du Brésil, du Surinam ou du Venezuela ont été saisies

4. Sorte de goélette traditionnelle en bois.

dans les eaux territoriales de Guyane », a calculé Joëlle Casanova.

Au total, le chiffre est à peine croyable : « Un poisson sur cinq vendu dans le monde est issu de la pêche illégale, affirme Lionel Try, membre du programme de sécurité de l'environnement d'Interpol. Il s'agit de l'un des crimes environnementaux les plus lucratifs[5]. » Il rapporterait chaque année environ 20 milliards de dollars. Un pactole engrangé avec des risques si faibles qu'il a attiré, au fil des années, des requins de plus en plus féroces.

« En bas de l'échelle, explique le colonel Manet, on trouve le patron pêcheur du Tréport ; à l'étage au-dessus, des multinationales de la pêche exploitent des chalutiers équipés de filets redoutables et dissimulent leurs activités frauduleuses derrière des sociétés-écrans. » Cette délinquance en col blanc se déploie sur tous les océans, du golfe du Bengale à la Patagonie, avec la complicité passive d'États peu regardants sur les méfaits de leurs ressortissants.

La Chine et la Thaïlande dans le collimateur d'Interpol

Dans le collimateur d'Interpol et des ONG environnementales, « la Chine, à la tête de la plus grande flotte de pêche au monde, est le pays le plus impliqué

5. Conférence sur la surpêche, 12 juillet 2024, Académie de la mer de Monaco.

dans la pêche illégale[6] », dénonce Ian Urbina. Ancien journaliste au *New York Times*, il dirige aujourd'hui le Outlaw Ocean Project, un groupe de journalistes d'investigation qui, au travers de leurs reportages, alertent sur les crimes commis en mer : pêche non déclarée mais aussi trafics de migrants ou d'armes…

Conséquence du braconnage intensif pratiqué par les navires battant pavillon chinois : l'un d'eux a été torpillé par les garde-côtes argentins en 2016, un autre arraisonné en 2018 au large de l'Afrique de l'Ouest, les cales pleines à craquer de thons pêchés illégalement. À la même période, la marine équatorienne a inspecté un bateau chinois repéré au large des Galápagos dont les cales débordaient de plus de 300 tonnes de poissons, parmi lesquelles des espèces menacées comme le requin-marteau.

Lorsqu'elle mobilise, comme c'est le cas de la Chine ou du Japon, une armada de chalutiers et de navires-usines, la pêche illégale, double fléau écologique et économique, a des conséquences dévastatrices. « Elles vont de la surexploitation des espèces à la destruction des écosystèmes marins en passant par les atteintes à la sécurité alimentaire de populations pour lesquelles la pêche vivrière est parfois la seule ressource », énumère le général Noyau.

Cette forme moderne de piraterie peut, à l'occasion, tourner au cauchemar. En 2019, plus d'une centaine

6. Entretien avec l'auteur le 28 mai 2024.

de bateaux de pêche nord-coréens ont été découverts dérivant en mer du Japon avec pour seule cargaison des cadavres de marins réduits à l'état de squelettes. Une cinquantaine de corps se sont même échoués sur les plages nippones.

Le mystère de ces bateaux fantômes n'aurait peut-être jamais été élucidé si une enquête de l'ONG américaine Global Fishing Watch, fondée sur les données satellites, n'avait pas livré la clé de l'énigme. En fait, les pêcheurs nord-coréens, poussés par la nécessité de ramener dans leurs filets de quoi nourrir leurs familles, s'étaient aventurés loin de leurs côtes, au péril de leur vie. Ce geste désespéré a été provoqué par une razzia géante : 500 navires chinois ont décimé en quelques mois les populations de calmars des eaux territoriales au large de la Corée du Nord, principal moyen de subsistance des pêcheurs locaux. Le nombre de disparus en mer a été tel que plusieurs ports de pêche nord-coréens ont été rebaptisés les « villages des veuves ».

Après la Chine, la Thaïlande figure elle aussi dans le viseur des autorités et des défenseurs des océans. Débarquées de conteneurs réfrigérés dans les ports de Bangkok, de Rayong ou de Phuket, les cargaisons illicites de calmars, de thons ou d'anchois sont transformées sur place et réexportées vers l'Europe, premier importateur mondial de produits de la mer. En 2015 et jusqu'en 2019, l'ancien royaume de Siam a écopé d'un carton jaune de l'Union européenne pour son rôle de plaque tournante du trafic international de poissons. Cela signifie que, si le pays persiste à se mettre au service de la pêche illégale, il pourrait écoper de sanctions sévères comme l'interdiction d'exporter ses produits de la mer vers l'UE.

L'Europe pointée du doigt par les ONG

Plus près de nous, en mer Noire et dans le bassin du Danube, l'esturgeon étoilé et le béluga, dont les œufs servent à confectionner le précieux caviar, font l'objet d'un « braconnage intensif[7] ». Les biologistes sonnent l'alarme : ce braconnage « sape les efforts de conservation » de ces poissons classés dans la catégorie des espèces en danger critique d'extinction.

« En Afrique de l'Ouest, les compagnies maritimes européennes utilisent d'énormes bateaux qui pêchent sans aucun contrôle dans les eaux du Maroc et de la Mauritanie, accuse Frédéric Le Manach, directeur scientifique de l'association Bloom en faveur de la préservation des océans. Là-bas, des armateurs italiens et espagnols sont impliqués dans la pêche illégale de crevettes, de merlus et de thons. Le groupe espagnol Albacora, dont le patron préside le lobby européen de la pêche, est connu comme le loup blanc pour pêcher illégalement le thon[8]. »

---

7. Arne Ludwig *et al.*, "Poaching and illegal trade of Danube sturgeons", *Current Biology*, 20 novembre 2023.
8. Entretien avec l'auteur le 10 juin 2024.

« Nous respectons absolument tous les volumes de capture définis dans nos contrats avec les pays tiers [...], se défend le groupe sur son site. Nous veillons ainsi à ce que la pêche reste durable et à ce que l'approvisionnement en thon tropical reste stable. » Signataire d'un accord conclu entre les autorités espagnoles et l'industrie de la pêche, Albacora affirme s'être engagé « à ce que tous [ses] navires dans l'Atlantique et l'océan Indien, quel que soit le pavillon national sous lequel ils naviguent (espagnol ou autre), soient soumis au système de surveillance applicable aux navires battant pavillon espagnol. »

En 2022, l'entreprise figurait pourtant, aux côtés de huit armateurs chinois et d'un colombien, sur la liste noire des dix acteurs principaux de la pêche illicite en Afrique publiée par la Financial Transparency Coalition, qui regroupe 150 associations et 14 pays.

« L'Espagne est le pire pays européen pour la pêche illégale[9] », nous confirme le capitaine Paul Watson, fondateur de l'organisation Sea Shepherd (« Berger des mers »).

Combatif malgré ses 73 ans, l'infatigable activiste écolo à chevelure et barbe blanches nous reçoit au printemps 2024 et nous sert un café dans la jolie cabine de bois sombre d'une péniche amarrée le long de la Seine, face au Louvre. Il nous décrit longuement le

9. Entretien avec l'auteur le 5 juin 2024.

rôle néfaste joué, selon lui, par les multinationales de la pêche dans l'épuisement des ressources des océans.

Navires pirates fichés par Interpol

« Elles prospèrent parce qu'il y a énormément d'argent à se faire dans l'économie de l'extinction des espèces, s'indigne-t-il. Plus les réserves de poissons diminuent, plus les prix grimpent. » Parmi les bêtes noires de Paul Watson, il y a ceux qu'il appelle « la mafia galicienne », des armateurs espagnols à la solide réputation de voyous des mers.

Dans le lot, le groupe Vidal Armadores a été condamné à de lourdes amendes pour pêche illégale au terme d'une enquête de la Guardia civil et d'Interpol qui a mis en lumière ses liens avec le plus recherché des chalutiers pirates, le *Kunlun,* ayant écumé pendant des années les mers australes à la recherche de la légine, poisson carnassier très apprécié pour sa chair blanche et fondante.

Appelée « Mero » au Japon, « Bacalao de profondidad » au Chili ou « Merluza negra » en Argentine, la légine australe, poisson long parfois de plus de deux mètres, à la mâchoire puissante et aux dents acérées, vit dans les eaux froides de la Patagonie, à la pointe sud de l'Amérique latine, au large des Kerguelen et de la Tasmanie. « Il s'agit d'une espèce menacée mais elle continue d'être pêchée parce qu'elle se revend très cher sous le nom fallacieux de bar du Chili », explique Paul Watson.

Fiché par Interpol, le *Kunlun* a été arrêté en 2015 par la marine néo-zélandaise, relâché, puis inspecté à nouveau au large des îles Cocos par les douaniers australiens qui, au lieu du mérou annoncé dans les documents de bord, sont tombés sur une cargaison de légines australes. Là encore pourtant, il s'en tire.

Après bien des péripéties, le *Kunlun* sera intercepté à Phuket, en Thaïlande, alors qu'il tentait de décharger 180 tonnes de légines. Son périple aurait pu s'arrêter là. Sauf que la corruption gangrène les autorités locales. « À Phuket, raconte Lionel Try d'Interpol, la cargaison consignée dans un entrepôt a été rechargée dans la nuit à bord du navire, qui a aussitôt quitté la Thaïlande[10]. » Rebaptisé l'*Asian Warrior* et battant cette fois pavillon indonésien, le *Kunlun* est finalement arrêté au Sénégal.

Autre épisode resté dans les annales, la poursuite du *Thunder*, fiché comme navire pirate par Interpol, lui aussi vraisemblablement en lien avec le conglomérat Vidal Armadores et hôte indésirable des mers australes où, comme le *Kunlun*, il pêchait illégalement la légine de Patagonie.

Pourchassé en 2015 pendant cent dix jours par le *Bob Barker*, navire amiral de la flotte de Sea Shepherd au cours d'une traque navale aux allures de blockbuster hollywoodien, le *Thunder* a fini par couler dans le golfe

10. Conférence sur la surpêche prononcée le 12 juillet devant l'Académie de la mer de Monaco.

de Guinée. « Il s'est sabordé pour détruire les preuves », soutient Paul Watson.

Après le *Thunder*, deux autres navires contrebandiers *a priori* affiliés eux aussi à la « mafia galicienne », le *Yongding* et le *Songhua*, seront arraisonnés par l'armée du Cap-Vert au large du Sénégal. Tous deux ciblés par une notice d'Interpol, les chalutiers avaient changé de nom et de pavillon, l'un étant immatriculé en Tanzanie, l'autre au Chili. Le signe d'une organisation bien huilée, manifestement au service de certaines compagnies de pêche sans grand scrupule.

En rencontrant Paul Watson à Paris le 5 juin 2024, nous étions loin d'imaginer que le célèbre « shérif des mers » serait interpellé le 21 juillet 2024 au Groenland. La police danoise l'y a arrêté dans le cadre d'un mandat d'arrêt lancé en 2012 par le Japon, qui lui reproche ses opérations coup de poing dans l'Antarctique contre les baleiniers nippons alors que la pêche des cétacés est interdite depuis… 1986.

Interpellé et emprisonné à Nuuk, la capitale du Groenland, alors qu'il était en route avec son bateau, le *John Paul DeJoria,* pour intercepter un nouveau navire-usine baleinier japonais, le capitaine Watson aurait risqué quinze ans de prison s'il avait dû comparaître devant un tribunal nippon. Le militant écologiste a été libéré le 17 décembre 2024 par la justice danoise qui a finalement refusé de l'extrader vers le Japon. Il a aussitôt rejoint Paris, dont il est citoyen d'honneur, pour fêter Noël en famille.

Travail forcé à bord des chalutiers

Pavillons de complaisance, documents falsifiés, opérations financières offshore… « La pêche illégale n'est que la face émergée de l'iceberg d'un écosystème criminel plus vaste », analyse Lionel Try. Des pratiques qui iraient jusqu'à transformer des chalutiers en prisons à ciel ouvert, où le travail forcé serait la règle.

« Enrôlés pour six mois, certains équipages sont retenus des années à bord et, parfois, ne reviennent jamais, confie le représentant d'Interpol. On nous a rapporté des contrôles effectués à bord où l'on trouve dix passeports pour huit marins. » Glaçant.

Dans les eaux troubles de la pêche illégale, la traite d'êtres humains est monnaie courante. Retenus contre leur gré, sans possibilité de communiquer avec l'extérieur, astreints par tous les temps à des journées de travail interminables, à peine nourris, à la merci de geôliers impitoyables, les équipages malgaches, philippins ou indonésiens seraient réduits en esclavage et des marins liquidés et jetés à la mer à la moindre incartade.

Les mafias n'ont eu aucun mal à infiltrer un tel univers. « On sait que les marins-pêcheurs des Galápagos servent de taxis des mers au trafic de cocaïne, explique le colonel Florian Manet. En une traversée au service des narcotrafiquants, ils gagnent l'équivalent d'un an de salaire. » Des navires de pêche convoient aussi la drogue d'Amérique latine vers le Vieux Continent.

La preuve avec cette opération d'interception menée en mars 2024 par la marine française dans le golfe de Guinée. Les militaires y ont saisi plus de 10 tonnes de cocaïne – l'équivalent de la totalité du volume de « coke » saisi en France en 2023 ! – à bord d'un bateau de pêche qui naviguait sous pavillon brésilien. L'Office antistupéfiants et le service des renseignements de la douane avaient été informés de cette grosse expédition de drogue vers l'Europe par les agents de la DEA[11] américaine et les fédéraux brésiliens.

« Lors de ses descentes effectuées à Vigo ou ailleurs, la Guardia civil espagnole retrouve souvent de la cocaïne dans les caisses ou les boîtes de thon, ajoute Frédéric Le Manach. Pour nous, le fait que des thoniers européens soient immatriculés dans des paradis fiscaux, au Belize ou en Équateur, démontre que l'évasion fiscale fait partie intégrante du modèle économique de ces industriels de la pêche mais qu'ils sont aussi potentiellement impliqués dans l'importation de la cocaïne en Europe. »

Mafia taïwanaise et cartels mexicains

Les océans sont devenus « la plus grande scène de crime du monde », résume Florian Manet, auteur d'un

11. La Drug Enforcement Administration (DEA) est, aux États-Unis, l'agence fédérale chargée de la lutte contre le trafic de drogue.

ouvrage documenté sur la criminalité en mer[12]. Il était donc inévitable que les mafias, qui cherchent sans cesse à se diversifier, aient fini par prendre le contrôle de la pêche illégale.

Dans son combat contre la chasse aux requins, Paul Watson en a fait l'expérience. Au Costa Rica, il a eu maille à partir avec la mafia taïwanaise, très impliquée dans ce juteux business et qui a, un temps, mis sa tête à prix, donnant lieu à l'un des épisodes les plus rocambolesques de la vie tumultueuse du chef de Sea Shepherd.

Paul Watson est arrêté en 2012 à l'aéroport de Francfort en vertu d'un mandat d'arrêt émis par le Costa Rica, qui l'accuse d'avoir mis en danger la vie de marins costaricains lors d'une de ses opérations coup de poing contre les pêcheurs illégaux de requins. Sachant que s'il est extradé, il risque d'être liquidé dans les geôles du Costa Rica sur ordre de la mafia taïwanaise, il fuit l'Allemagne. Pour ne pas être reconnu, il se rase barbe et moustache et s'affuble d'une perruque. Il trouve alors refuge en France.

Trois mille cinq cents kilomètres au nord du Costa Rica, ce sont les cartels mexicains qui se sont emparés du business de la pêche illégale. Les *narcos* ont fait main basse sur un trafic plus lucratif encore que celui du requin : celui du totoaba, grand poisson argenté que l'on trouve dans les eaux du golfe de Californie.

---

12. Florian Manet, *Le Crime en bleu, essai de thalasso-politique*, Paris, Nuvis, 2018.

Pour son plus grand malheur, la vessie natatoire du totoaba, sorte de poche gazeuse qui empêche le poisson de couler, entre dans la composition de produits prescrits par la médecine traditionnelle chinoise.

Séchée et réduite en poudre, elle se vend jusqu'à 20 000 dollars le kilo dans les officines de Pékin ou Shanghai, d'où son surnom de « cocaïne des mers ». Un surnom bien choisi : « Les cartels mexicains contrôlent le trafic, affirme le capitaine Paul Watson. Ceux qui ont voulu s'y opposer ont été abattus ou sont morts brûlés vifs tant il y a d'argent en jeu. » Le sujet est pris très au sérieux côté américain où la police fédérale a mené des opérations *undercover* d'infiltration, comme le font les agents de la DEA dans la lutte contre les *narcos*.

Problème : les cartels y sont allés si fort ces dernières années dans la capture de l'acoupa de Macdonald, le vrai nom du totoaba, que l'espèce se fait aujourd'hui rare. Ils se sont donc reportés sur l'acoupa rouge de Guyane, poisson argenté aux nageoires écarlates. En Guyane, « nous faisons face à des groupes criminels parfaitement organisés pour pêcher, stocker, sécher, expédier les poissons et blanchir les énormes bénéfices générés par ce trafic, témoigne le général Noyau. La vessie natatoire de l'acoupa rouge se négocie 2 euros le kilo à la criée de Cayenne mais jusqu'à 5 000 euros en Asie ».

Suivant le modèle de la Camorra napolitaine, omniprésente à une époque dans l'industrie du thon rouge, la pègre internationale est partie à la pêche aux bénéfices record. Les *narcos* font dans le totoaba, les mafias russophones dans le caviar, et les triades asiatiques dans la civelle et toutes les espèces entrant dans les recettes de la gastronomie et de la pharmacopée chinoises.

La menace de la surpêche, qu'elle soit pratiquée par des groupes criminels ou des professionnels sans foi ni loi, devrait continuer à peser sur les fonds marins déjà fragilisés par les effets du changement climatique et les pollutions en tout genre. La menace est mortifère, car la pêche industrielle hors-la-loi ne fait généralement pas le tri dans les espèces qu'elle décime.

Ainsi, dans l'océan Indien, « les navires prennent dans leurs filets des espèces menacées comme le thon albacore ou le thon obèse et d'autres en danger d'extinction comme le requin soyeux, le requin longimane ou la tortue de Kemp », signale Frédéric Le Manach. Ces populations sont rares et leur taux de reproduction est si faible que la moindre capture menace leur survie.

Nouvelle source de revenus des pires mafias de la planète, la pêche illégale n'est pas la seule activité criminelle à prospérer en haute mer. Drogue, armes, contrefaçons, migrants clandestins... « Tous les trafics empruntent la voie maritime, observe Frédéric Le Manach, parce que les océans sont immenses, les ports gigantesques et les inspections peu nombreuses. »

Rien de plus facile, donc, que de dissimuler dans les conteneurs sillonnant les mers des millions de tonnes de déchets polluants, expédiés illégalement par des entreprises occidentales vers des pays d'Afrique, d'Asie ou d'Amérique latine, ainsi transformés en décharges à ciel ouvert.

CHAPITRE 4

LES CONTENEURS DE LA HONTE

Port fluvial de Lille, 14 juin 2024. Une trentaine de douaniers en parka jaune et bleu pénètrent à l'intérieur du parking où stationnent des centaines de conteneurs. Très vite, leur attention est attirée par deux « boîtes » suspectes. Pince-monseigneur en main, les gabelous brisent les scellés des caissons métalliques. Bonne pioche : ils y découvrent près de 50 tonnes de pièces automobiles usagées en partance pour le Sénégal.

C'est une scène presque banale de saisie de déchets polluants. Elle se répète à intervalles réguliers dans tous les ports de France. Ferraille, pneus usagés, batteries dégoulinantes de métaux lourds nocifs pour l'environnement et la santé, débris d'ordinateurs et de téléphones portables, cartouches d'imprimerie en fin de vie... Tout s'exporte illégalement depuis Bordeaux, Marseille ou Le Havre. Chaque année, les douanes bloquent des milliers de tonnes de ces rebuts.

Les entreprises sont nombreuses à préférer de très loin se débarrasser de leurs détritus en Afrique ou en Asie que de les dépolluer dans les règles en Europe. En 2020, sur 33 millions de tonnes de déchets exportées hors de l'UE, 10 millions auraient transité par des circuits illégaux. Si elles devaient être transportées par camion, cela donnerait une file de 400 000 poids lourds s'étirant de Paris à Istanbul.

Comment expliquer un tel déferlement ? « Cela coûte très cher de faire enfouir ou incinérer des déchets industriels car ces deux pratiques sont fortement taxées pour encourager celle, moins polluante, du recyclage, explique Roland Marion, expert à l'Ademe, l'agence nationale de la transition écologique. La facture va de 180 euros la tonne pour des débris de métal ou du plastique jusqu'à 5 000 ou 6 000 euros pour des déchets dangereux comme des piles usagées, de la soude, des résidus de peinture, du mercure, des acides[1]... »

Pour éviter de passer à la caisse, il est tentant d'expédier en douce ses déchets aux Philippines, au Pakistan, en Thaïlande ou en Mauritanie. « En temps normal, un conteneur de 20 tonnes vers l'Asie coûte 600 euros[2] », indique le général Sylvain Noyau, le chef du Cesan. À chaque traversée clandestine de piles usagées ou de bombes d'aérosols, l'économie peut donc se monter à 100 000 euros par rapport à un retraitement dans la filière officielle.

1. Entretien avec l'auteur le 15 mai 2024.
2. Entretien avec l'auteur le 25 juin 2024.

C'est tentant, mais totalement prohibé. L'époque est révolue où les pays riches expédiaient en toute légalité leurs détritus, y compris les plus toxiques, vers les pays pauvres. Dans les années 1980, des villes du tiers-monde sont littéralement transformées en décharges à ciel ouvert. Pire, en 1982, de nombreux fûts toxiques de dioxine expédiés d'Italie après la catastrophe de Seveso[3] ont probablement fini leur course en Somalie.

Les ONG se mobilisent et les États finissent par signer la Convention de Bâle en 1989. Entrée en vigueur en 1992, elle limite sévèrement les exportations de produits dangereux vers les pays pauvres puis les interdit définitivement en 2019. Pionnière, l'Europe applique l'interdiction dès 2006, durcit les règles pour les autres catégories et, en février 2024, interdit le transfert des déchets plastiques vers les pays en développement.

« En Europe, nous sommes passés en quarante ans d'une situation où tout était permis à l'interdiction d'exporter des déchets. Or, plus vous imposez de contraintes et plus c'est coûteux pour les opérateurs. Certains cherchent alors à contourner ces règles, alerte le général Noyau. C'est là qu'ils versent dans l'illégalité. » Au point que le transfert frauduleux de déchets

3. Le 10 juillet 1976, dans le nord de l'Italie, un nuage d'herbicide contenant de la dioxine s'échappe d'une usine chimique et pollue plusieurs communes, dont celle de Seveso, en Lombardie. Cette catastrophe écologique et sanitaire donnera lieu en 1982 à une directive européenne obligeant à recenser les sites industriels à risque et à mettre en place des plans de prévention.

est devenu un business mondial de plusieurs milliards de dollars, contrôlé par des groupes criminels.

Pays dépotoirs

Le Programme pour l'environnement des Nations unies estime, par exemple, que 60 à 90 % des déchets électroniques se retrouvent dans ces circuits parallèles[4]. À 500 dollars la tonne, le marché noir des débris high-tech pèserait à l'échelle planétaire 20 milliards de dollars par an. De son côté, Europol a montré comment l'industrie « florissante » des déchets illégaux a tissé sa toile à travers les frontières[5].

En Europe, les groupes criminels font transiter ces déchets vers les pays dépotoirs que sont la Bulgarie, la Roumanie et la Pologne, qui s'est plainte en 2023 devant la Commission européenne d'avoir été destinataire de 35 000 tonnes de déchets illégaux en provenance d'Allemagne. Hors du Vieux Continent, la Turquie a rejoint récemment la liste des pays poubelles. Le Sénégal, le Burkina Faso, la Libye ou la Guinée figurent aussi parmi les destinations les plus prisées avec le Bangladesh, le Laos et le Pakistan.

---

4. Unep-Interpol, "The Rise of Environmental Crime", rapport, 2016.

5. Europol, "Environmental Crime in the Age of Climate Change", rapport, 2022.

Autre illustration : ces dernières années, plus de 200 containers de déchets polluants (batteries, huile de vidange, plastique, pneus usés…) ont été expédiés de La Réunion vers l'Inde. Empochant les fonds censés financer la dépollution et le recyclage des épaves, le gérant d'une casse automobile réunionnaise et ses complices ont gagné 3,5 millions d'euros en se débarrassant illégalement des carcasses.

Signe de l'ampleur des trafics, les douanes d'une centaine de pays ont saisi en 2023 plus de 17 500 tonnes de déchets au cours du plus grand contrôle transnational jamais organisé. Dans le viseur de l'opération baptisée « Demeter », les déchets plastiques, métalliques, les épaves de véhicules, les climatiseurs et les réfrigérateurs contenant des hydrofluocarbures (HFC), puissants gaz à effet de serre.

Ce type d'opérations coup de poing ne suffit évidemment pas à détourner les groupes criminels d'un business dans lequel les risques de se faire prendre sont faibles. Avec 7 000 conteneurs qui transitent quotidiennement par le port du Havre, trouver un chargement frauduleux revient à chercher une aiguille dans une botte de foin.

Opération « Unite »

Malgré tout, les gendarmes français ont lancé en 2021 la première opération internationale ciblant les trafics de déchets illégaux entre l'Europe et les pays d'Asie du Sud-Est. Nom de code de l'opération : « Unite », tous unis contre les déchets.

Pourquoi l'Asie du Sud-Est ? Il se trouve que Xi Jinping, l'homme fort du régime de Pékin, a décidé en 2018 d'interdire sur son sol les déchets polluants venus d'Occident. Or, près de la moitié du plastique produit dans le monde était jusqu'alors déversée chaque année dans les décharges chinoises.

La fermeture du marché chinois a contraint les circuits mondiaux à se reporter vers l'Asie du Sud-Est. « Le trafic de déchets y est désormais de loin le crime environnemental le plus courant », confirme l'Institut des affaires internationales (IAI)[6]. Les cargaisons illégales débarquent à present en masse dans les ports d'Indonésie, de Thaïlande, du Vietnam et de Malaisie.

« Nous avions des soupçons sur l'existence de ces trafics transocéaniques, des indices, mais pas de preuves[7] », confie le général Sylvain Noyau. Pour en avoir le cœur net, le patron du Cesan met sur pied une équipe réunissant les *carabinieri* italiens et la Guardia civil espagnole ainsi que les polices hongroise et slovaque, très impliquées dans la lutte contre la contrebande de déchets.

C'est le premier étage de l'opération « Unite », financée par les fonds de sécurité intérieure de l'Union

6. Lorenzo Colantoni, Alessio San Giorgio, "Environmental Crime between the UE and Southeast Asia", rapport, IAI, 2024.

7. Entretien avec l'auteur le 12 juillet 2024.

européenne. À l'autre bout de la chaîne, des contacts sont noués notamment avec le Vietnam, le Laos, le Cambodge, la Thaïlande et la Malaisie.

À l'automne 2022, tout est prêt pour lancer le deuxième étage de la fusée. Comme il est impossible de contrôler le ballet incessant des conteneurs vers l'Asie, un intense travail de renseignement criminel est enclenché avant de passer à l'action. Objectif : identifier avec précision les cibles de l'opération.

Il s'agit de repérer les expéditions qui mélangent dans un même conteneur déchets licites et illicites, se cachent derrière des sociétés-écrans, falsifient les permis d'exportation en maquillant, par exemple, les déchets en produits d'occasion, versent des pots-de-vin pour dédouaner les détritus revendus au marché noir une fois sur place, quand ils ne sont pas tout simplement jetés dans la nature, à la mer, ou brûlés à l'air libre.

Rien qu'en France, 58 000 entreprises de collecte, de tri et de recyclage des déchets sont passées au crible. « On cherche les signes qui nous laissent suspecter un trafic. Typiquement, une entreprise qui a déjà commis des infractions ou qui ne collecte plus de déchets mais continue à en exporter, c'est louche », indique Sylvain Noyau.

Dans le quartier du Fort, à Arcueil, un coquet pavillon en meulière, dissimulé aux regards par de hauts murs de caserne, abrite le siège du Cesan. C'est ici que convergent les informations venues des douanes et d'Europol. Disposant de relais utiles sur le terrain, les ONG Traffic, Ifaw et WWF ainsi qu'un groupe de logistique réputé sont associés au projet. De leur côté, les Asiatiques font le même travail de renseignement sur les entreprises soupçonnées d'importer illégalement des déchets.

Un peu moins de 200 entreprises suspectes sont identifiées, la moitié chez les importateurs en Asie et l'autre moitié parmi les exportateurs européens. Fin 2023, une réunion en Thaïlande règle les derniers détails. À Bangkok, les relais diplomatiques sont activés pour déminer le terrain politique.

L'opération doit se dérouler du 18 mars au 7 avril 2024. Décision est prise d'installer le PC opérationnel à Haïphong. Premier accroc : malgré les précautions prises pour désamorcer les susceptibilités locales, les Vietnamiens refusent l'accès du port aux équipes de « Unite ». Le PC est transféré à Hanoï.

Nouveau coup de théâtre : la veille du lancement de l'opération, le président vietnamien Vo Van Thuong, accusé de corruption par le Parti communiste, démissionne. Le pays plonge dans le chaos politique. En urgence, le poste de commandement est rapatrié dans le quartier du Fort, à Arcueil, d'où les gendarmes français superviseront les opérations à distance.

Le 18 mars, le top départ est enfin donné. Aux deux extrémités d'un périple maritime de 10 000 kilomètres, des dizaines de contrôles sont déclenchés simultanément en France, en Espagne, en Grèce, en Thaïlande et en Malaisie. Bilan de l'opération : « Sur les 55 conteneurs que nous avions ciblés, 22 contenaient des déchets illicites, certains très polluants. La proportion de 40 % de fraude est énorme », souligne le général Sylvain Noyau.

Une cargaison de plastique à destination de la Malaisie est saisie au Havre, deux containers de matières dangereuses en partance pour le Vietnam stoppés en Espagne, un lot de moteurs non décontaminés arrêté au Pirée en Grèce, des amas de plastiques et de débris métalliques coincés sur les quais du port de Kelang, en Malaisie, et de Laem Chabang, dans le golfe de Thaïlande. En tout, 500 tonnes de déchets sont interceptées.

Prochaine étape : « Remonter la chaîne jusqu'aux donneurs d'ordre pour savoir s'ils sont complices ou s'ils ont fait preuve de négligence dans le choix de leurs prestataires », annonce le général Noyau. Mais en attendant d'éventuelles poursuites, que deviennent les centaines de tonnes de déchets bloquées à quai ? En 2020, la Thaïlande n'avait pas hésité à réexpédier 150 conteneurs de déchets plastiques, dont une quarantaine vers la France. « Nous ne voulons pas devenir la décharge du monde », proclame à l'époque le gouvernement thaï. L'Indonésie et les Philippines ont elles aussi déjà renvoyé des conteneurs indésirables vers leur pays d'origine.

Dans le cadre de l'opération « Unite », ces retours à l'envoyeur n'ont pas eu lieu. « C'est un vrai sujet, déplore le général Noyau. Le renvoi des conteneurs est prévu par la Convention de Bâle mais c'est très compliqué à mettre en œuvre », difficulté causée par

« le manque de coopération et la longueur des procédures bureaucratiques », selon le rapport de l'IAI[8].

Il reste une interrogation : l'opération « Unite » mettra-t-elle un coup d'arrêt aux flots de déchets illicites qui inondent l'Asie du Sud-Est ? C'est peu probable. Les contrebandiers étant parfois des importateurs de déchets légaux dont les opérations dissimulent des transferts illégaux, ces flux suivent la courbe des importations légales qui ne sont pas près de diminuer.

Tsunami de déchets plastiques

La production mondiale de déchets s'est envolée à partir de la fin des années 1970, gonflant pour les seules matières plastiques de 10 millions de tonnes chaque année pour atteindre aujourd'hui un flux annuel correspondant à 2 500 fois le poids de la tour Montparnasse. Et la consommation mondiale de plastique, et donc de déchets, devrait encore tripler d'ici à 2060.

Submergés, les policiers et les douaniers asiatiques auront le plus grand mal à faire face à ce tsunami plastique, faute notamment d'unités de police et de juges spécialisés. À l'exception du Vietnam et du Laos, les pays de la zone ne disposent pas de police de l'environnement. Au Brunei, sur l'île de Bornéo, la chasse aux déchets illégaux relève de… la brigade des stupéfiants.

8. "Environmental Crime between the UE and Southeast Asia", *op. cit.*

« Souvent, les policiers et les douaniers ne connaissent pas les lois applicables dans leur propre pays », relève l'IAI. Quant aux juges, comme les peines sont en général faibles, « ils sont moins enclins à poursuivre ces infractions, ce qui peut limiter l'ouverture d'enquêtes ». Bref, les crimes contre l'environnement n'intéressent pas grand monde et les poursuites sont assez rares. Du pain bénit pour les trafiquants de déchets.

Afin d'endiguer le fléau de la pollution plastique, un traité international, le premier du genre, aurait dû être signé à Séoul en décembre 2024 sous l'égide des Nations unies. Mais les pays producteurs de pétrole, dont est dérivé le plastique, ont fait obstacle à un accord sur la réduction mondiale de la production, alors que 90 % du plastique n'est pas recyclé et que des millions de tonnes polluent l'environnement, l'eau potable et les aliments.

High-tech et panneaux solaires : nouvelles sources de déchets illégaux

L'industrie des déchets illégaux devrait donc continuer à tourner à plein régime dans les années à venir. D'autant que la multiplication accélérée des équipements électroniques, obsolètes au bout de trois ou quatre ans, va faire déferler une nouvelle vague de déchets sur l'Asie, l'Afrique et l'Amérique latine. Téléviseurs, brosses à dents électriques, grille-pain, scooters électriques… entre 2010 et 2022, leur volume a déjà bondi de 80 %, et moins d'un quart sont collectés et recyclés.

Cette montagne de déchets devrait peser plus de 80 millions de tonnes en 2030[9]. Dans ce secteur, la réglementation de plus en plus stricte en Europe « rendra les solutions moins chères, à la limite de la légalité, toujours plus attrayantes pour les entreprises », prévient l'IAI, sauf à subventionner massivement le recyclage et l'usage d'appareils de seconde main.

Un autre marché s'ouvre pour les trafiquants. Installés il y a une vingtaine d'années en Europe, les premiers panneaux solaires arrivent en fin de vie. Le nombre d'unités devant être démantelées double chaque année en Europe et, à l'échelle mondiale, environ 70 millions de tonnes de panneaux photovoltaïques usagés se seront accumulées d'ici à 2050, prévient l'Irena, Agence internationale des énergies renouvelables[10].

Les malfrats des déchets ont déjà flairé le filon. « Des enquêtes récentes ont révélé l'existence de systèmes criminels complexes, organisés par des réseaux européens, pour les collecter et les expédier vers l'Afrique et l'Asie », a indiqué Europol en juin 2022[11]. Au fur et à mesure qu'ils atteindront leur date de péremption, « il est fort probable que le trafic

9. Unitar-UIT, Global E-waste Monitor, 2024.

10. IRENA et IEA-PVPS, « La gestion de la fin de vie des panneaux photovoltaïques », rapport, 2016.

11. "Environmental Crime in the Age of Climate Change", *op. cit.*

illégal de panneaux solaires périmés s'intensifie dans un avenir proche. »

Si les déchets industriels prennent volontiers la mer, à l'intérieur des frontières de l'Europe, les ordures ménagères et les déblais des chantiers du BTP font le voyage en camion. Les trafiquants les déchargent illégalement en pleine nature à quelques centaines de kilomètres du lieu où elles ont été ramassées. Une magouille juteuse qui a donné naissance en France à une mafia des déchets sur le modèle de la Camorra napolitaine.

CHAPITRE 5

MAFIA DES DÉCHETS À LA FRANÇAISE

La France, pays des décharges sauvages ? Aux alentours des grandes villes comme à la campagne, des amas de détritus parfois toxiques défigurent les paysages, polluent les sols et les cours d'eau, menacent la santé des riverains. Cauchemar des maires, impuissants face à ce fléau, la prolifération des dépôts illégaux s'est accélérée. « Le nombre des infractions liées aux dépôts sauvages a augmenté de 85 % entre 2017 et 2021 », signale en janvier 2022 le général de gendarmerie Sylvain Noyau lors d'une audition au Sénat dans laquelle il cite ce chiffre incroyable : selon l'association Gestes propres, un million de tonnes d'ordures sont jetées chaque année dans la nature en France[1]. C'est l'équivalent en poids de 100 tours Eiffel.

En France, balancer ses ordures n'importe où est malheureusement une pratique courante, rappelle

1. Table ronde sur les élus locaux face aux décharges sauvages, délégation aux collectivités territoriales du Sénat, 13 janvier 2022.

Roland Marion, en charge de l'économie circulaire à l'Ademe. « Je pense qu'il y a des dépôts sauvages dans les 36 000 communes de France[2]. » Il y a une grande différence toutefois entre les ordures jetées négligemment sur le bord de la route et l'apparition sur un terrain communal ou un champ d'une déchetterie clandestine.

Dans le premier cas, il s'agit de pures incivilités. « Un matin, on découvre une poussette cassée et des emballages plastiques puis, le lendemain, des bidons d'huile et le tas grossit au fil des jours. Ou alors l'artisan venu changer votre ballon d'eau chaude choisit sciemment de ne pas éliminer ses déchets dans une déchetterie professionnelle. À chaque fois qu'il vide une camionnette chargée d'une tonne d'encombrants et de gravats dans la nature il économise entre 120 et 180 euros[3]. »

Lorsque des élus locaux tentent de s'opposer à ces dépôts sauvages, ils se font insulter, molester et, parfois, l'altercation vire au drame. En août 2019, la mort de Jean-Mathieu Michel, le maire de Signes dans le Var, percuté par un fourgon surpris en train de décharger les rebuts d'un chantier, a soulevé une vague d'indignation au-delà des frontières du département. Le maçon, responsable du décès accidentel de l'édile de 76 ans a été condamné à un an de prison ferme.

2. Entretien avec l'auteur le 15 mai 2024.
3. *Ibid.*

Dans le second cas, « on n'est plus en présence de particuliers ou d'artisans indélicats, mais de délinquants qui ont fait des déchets un véritable business », affirme Roland Marion. De fait, « un quart des dossiers de criminalité environnementale que nous traitons sont liés aux déchets, alors que nous avions peu d'affaires de ce type il y a encore quatre ans[4] », observe le colonel Ludovic Ehrhart, chef de l'Oclaesp.

Les clients de ces malfrats du déchet sont des entreprises, principalement du BTP, appâtées par les tarifs au rabais que proposent ces voyous pour les débarrasser de leurs déblais. Aux mains de vrais faux collecteurs, le business de déchets illégaux repose sur un procédé simple. Des sociétés en règle sur le papier cassent les prix et décrochent des contrats d'élimination des déblais. Elles facturent une centaine d'euros la tonne mais, au lieu d'entreposer les gravats dans des installations agréées payantes, elles s'en débarrassent gratuitement en pleine nature.

Si en confiant leurs déchets à ces personnes pourtant mal intentionnées, « les entreprises peuvent être de bonne foi, cela ne les exonère en rien de leur responsabilité », avertit Roland Marion. « Quand les prix d'un prestataire sont très en dessous de ceux de ses concurrents, ajoute le général Noyau, le producteur soupçonne forcément qu'ils ne vont pas être traités correctement[5]. »

4. Entretien avec l'auteur le 5 juin 2024.
5. Entretien avec l'auteur le 25 juin 2024.

L'affaire Johnny Demeter

D'autant que des personnages peu recommandables, très différents des chefs d'entreprise habituels, ont infiltré le business des déchets : au détour d'une enquête, la PJ de la Seine-Saint-Denis et les gendarmes de l'Oclaesp ont ainsi arrêté fin 2022 un membre du clan gitan des Hornec, qui a régné sans partage sur la pègre parisienne dans les années 1990-2000.

Ferrailleurs de profession, « les Hornec n'ont jamais vraiment quitté le trafic des déchets dans lequel d'autres figures du grand banditisme sont impliquées », assure le colonel Ehrhart. L'un des exemples les plus frappants : celui des Demeter, un clan de Roms sédentarisés en banlieue parisienne. Originaires, comme les frères Hornec, de Montreuil en Seine-Saint-Denis, ils ont monté le plus vaste trafic transfrontalier de déchets jamais organisé en France.

L'affaire éclate en 2019 lorsque des norias de camions se mettent à décharger des monceaux d'ordures ménagères dans une dizaine de villages lorrains au nez et à la barbe d'élus et d'habitants dégoûtés et révoltés. En remontant la piste des camions qui transportent les détritus, les enquêteurs ne tardent pas à découvrir que Johnny Demeter et son clan se cachent derrière ce manège nauséabond.

Fiché pour de multiples escroqueries présumées, l'homme est déjà visé par une enquête pour trafic de déchets et association de malfaiteurs menée, sous l'autorité de la juridiction interrégionale spécialisés (Jirs) de Lille, par les gendarmes de l'Oclaesp qui vont démonter un à un les rouages d'une l'incroyable arnaque.

« Johnny Demeter vivait une partie du temps en Belgique où il s'est rendu compte que les collecteurs privés des ordures ménagères d'Anvers, débordés, cherchaient à se débarrasser au plus vite du trop-plein de déchets qu'ils ne parvenaient plus à stocker[6] », explique l'adjudant-chef Éric Stephan, de l'Oclaesp. À partir de là, l'arnaque va se mettre en place. En deux temps.

Se présentant comme « courtier en déchets », Johnny Demeter gagne l'appel d'offres lancé par les déchetteries d'Anvers en cassant les prix avant de falsifier les bons de transports établis au nom d'une société lyonnaise Eco Déchets dont l'identité a été usurpée. En quelques mois, des milliers de tonnes passent en fraude d'un pays à l'autre.

Côté belge, Johnny Demeter encaisse près de 700 000 euros, côté français, il ne paiera jamais les centres de tri de Suez et de Veolia et, une fois la combine éventée, il ira déverser ses ordures en Lorraine sur des terrains communaux ou d'anciens sites industriels. Au total, la combine lui aurait rapporté de l'ordre de 1 million d'euros.

« Compte tenu du profil des individus impliqués, j'ai tout de suite compris que cette affaire n'était pas une

6. Entretien avec l'auteur le 1er juillet 2024.

simple escroquerie financière mais bien de la criminalité organisée[7] », affirme Marion Cackel, la juge d'instruction du Jirs de Lille spécialisée dans le grand banditisme qui, à la fin de l'été 2020, a repris le dossier en main.

Contre le clan Demeter, qui navigue entre la France et la Belgique, la juge va employer les grands moyens : écoutes, filatures, balisage des voitures, surveillance vidéo, par drones et même par hélicoptères… Au fil des écoutes, la juge et Éric Stephan, son directeur d'enquête, s'immergent dans un univers à part, une sorte de monde parallèle n'obéissant qu'à ses propres règles, s'affranchissant de toutes les lois en vigueur. Une « République noire », selon l'expression de Marion Cackel.

À la tête du gang de Montreuil, Johnny Demeter, 37 ans, *alias* Yochka ou Sheikh Saïd, guitariste virtuose, est un personnage haut en couleur. Il aime se produire dans des concerts de jazz manouche. C'est « un beau parleur, amateur de femmes, de palaces, de voitures de luxe, de grosses montres, décrit la juge d'instruction. Il aime tout ce qui brille, fréquente les casinos de Las Vegas et de Monte-Carlo. C'est un flambeur. »

Il dirige en sous-main de multiples sociétés gérées par des hommes de paille, frères ou cousins, s'est acoquiné avec un comptable corse véreux qui enregistre les sociétés bidon et falsifie les livres de comptes,

7. Entretien avec l'auteur le 1er juillet 2024.

et un gangster croate qui se charge de recruter des chauffeurs de camions d'ordures chez les Serbes sans papiers.

À la fin du printemps 2021, toute la bande est arrêtée en banlieue parisienne et à Molenbeek dans les environs de Bruxelles. Chez le mafieux croate, soupçonné de blanchir l'argent du trafic qui a déversé illégalement 10 000 tonnes de déchets entre 2019 et 2021 pour un gain estimé à 2 millions d'euros, la police retrouvera un demi-million d'euros en liquide planqués dans les murs de la cuisine, avec l'aide d'un chien renifleur.

Lors des auditions des suspects, un membre du clan Demeter confiera à la juge d'instruction l'identité des complices chargés de trouver les terrains où déposer les ordures en Lorraine. « Dans une soirée gitane au Luxembourg, rapporte Éric Stephan, Johnny a rencontré les frères Koster, des truands de Woippy près de Metz. Il leur a expliqué qu'il y avait beaucoup d'argent à se faire dans les déchets. »

Les hommes sont vraisemblablement dangereux. L'un des frères est connu pour des faits d'escroqueries et de cambriolages, il aurait aussi pour habitude d'arnaquer des femmes sur les sites de rencontres. « Fin 2022, raconte l'enquêteur de l'Oclaesp, la police a débarqué chez les Koster avec une colonne d'assaut de six véhicules et trente policiers. » Leur arrestation signe la fin de l'enquête judiciaire.

À l'issue du procès qui s'est ouvert fin 2023 au tribunal correctionnel de Lille, la plupart des accusés sont condamnés le 30 janvier 2024 à trois ans de prison et Johnny écopera même au total de sept ans ferme. Peine confirmée en appel en mai 2025. Du jamais vu pour un trafic de déchets ! Mais l'affaire, exceptionnelle par l'ampleur des trafics et du préjudice environnemental subi par les communes lorraines, n'a pas permis à ce jour de mettre en cause la société belge de collecte des ordures ménagères d'Anvers, qui avait fait appel aux services des Demeter, ni de déterminer qui doit financer la remise en état des sites pollués par des montagnes de déchets.

Trois mois avant l'épilogue du procès de l'affaire Demeter, le pôle environnement du parquet de Lyon a mis en examen sept hommes soupçonnés d'avoir déversé pas moins de 180 000 m^3 – de quoi remplir 70 piscines olympiques à ras bord ! – de débris de chantiers dans les collines verdoyantes de l'Ouest lyonnais. Ils devront répondre de trafic de déchets, d'atteintes à des espèces protégées et leur habitat, de faux et usages de faux et de blanchiment.

Tous les individus mis en cause étaient chefs d'entreprise, promoteurs immobiliers, terrassiers, transporteurs, agriculteurs ou propriétaires fonciers. Ils auraient agi avec la complicité du maire de Vaugneray dans le Rhône, mis en examen pour « prise illégale d'intérêt ». Digne d'un scénario à la Chabrol, ce dossier au parfum de scandale politico-économique mettrait en scène la dérive de citoyens *a priori* au-dessus de tous soupçons.

Les déchets plus payants que la prostitution et les armes

L'incroyable arnaque montée selon les enquêteurs par le clan Demeter a néanmoins démontré l'implication bien réelle de la pègre dans ce secteur. Un phénomène désormais clairement identifié au plus haut niveau de la machine judiciaire. « Le marché des déchets est infiltré par la criminalité organisée », confirme le 26 avril 2023 le Sirasco[8], le service de renseignement criminel de la Direction centrale de la police judiciaire (DCPJ), dans une « note verte » confidentielle que nous avons pu consulter.

Alors que la France produit des masses considérables de détritus en tout genre, lit-on dans ce document, « la législation complexe [...] profite aux malfaiteurs qui s'infiltrent entre les producteurs de déchets et les entreprises de recyclage ». D'autant plus que « les sanctions encourues sont peu dissuasives au regard de l'aubaine financière générée par le trafic de déchets ».

En Europe, le trafic de déchets rapporterait de 10 à 12 milliards d'euros par an aux organisations criminelles[9]. En France, souligne le service de renseignement de la PJ, il arrive « juste après celui des stupéfiants, des vols de véhicules et de tabac, mais avant le proxénétisme, le trafic d'armes et le trafic de migrants ».

---

8. Service d'information, de renseignement et d'analyse stratégique sur la criminalité organisée.

9. Gafi, « Blanchiment de capitaux générés par les crimes contre l'environnement », rapport, 2021.

La France prendrait donc le chemin des États-Unis ou de l'Italie, où l'industrie des déchets est gangrenée depuis longtemps par les groupes mafieux, de la Cosa Nostra new-yorkaise à la Camorra napolitaine. Cette dernière s'était fait une spécialité d'enfouir illégalement dans la région de Naples les déchets toxiques des industries chimiques du nord de l'Italie, perpétrant l'un des pires crimes écologiques et sanitaires du XXe siècle en Europe.

En 2009, la N'dranghetta calabraise est de son côté accusée par un repenti d'avoir sabordé dix ans plus tôt, au large des côtes italiennes, des navires-épaves chargés de déchets toxiques. En Italie, la mafia « a infiltré l'économie légale et s'est emparée de toutes les étapes de la chaîne », explique la note de la DCPJ, qui relève l'existence en Corse d'un système comparable.

En Corse, le secteur des déchets infiltré par le crime organisé

Sur l'île de Beauté, où la question des déchets est un problème aigu du fait de l'afflux estival de touristes et de la saturation des sites d'enfouissement, « l'infiltration des sphères légales et décisionnelles permet au crime organisé corse de capter des marchés publics liés au traitement, au transport ou à l'exportation de déchets. Les récalcitrants sont intimidés voire éliminés. Ces manœuvres sont également exercées à l'encontre des propriétaires terriens, dont les agriculteurs, pour y déverser des déchets, y compris toxiques avec un impact fort sur la santé publique. »

Les gêneurs sont éliminés au sens propre du terme. Le service de renseignement de la PJ revient sur deux épisodes sanglants. « En 2009, Jean-Marc Nicolai, ancien maire de Casalabriva, a été assassiné. Sa société s'était positionnée sur un appel d'offres pour la gestion de la déchetterie de Vico quelques semaines avant sa mort. En 2013, Jean-Luc Chiappini, président du parc naturel régional de Corse, était à son tour abattu à Ajaccio de plusieurs balles par des hommes à moto alors qu'il venait d'inaugurer cette même déchetterie. » Quelques mois plus tôt, le notable corse avait été entendu par la PJ d'Ajaccio pour des soupçons de pots-de-vin.

Depuis, les affaires aux forts relents mafieux se sont enchaînées. En 2016, Patrick Rocca, le patron d'une entreprise de transport de déchets est victime d'une tentative de racket ; l'année suivante, un centre de traitement des ordures part en fumée dans des conditions suspectes ; en 2018, Alexandre Lanfranchi, gestionnaire à Viggianello, près de Propriano, du principal centre d'enfouissement de l'île, qui circule alors en voiture blindée, raconte au *Parisien* avoir refusé un « pacte de corruption[10] ».

---

10. Éric Pelletier, « Corse : l'ombre du milieu sur les déchets », *Le Parisien*, 23 septembre 2018.

L'emprise des groupes criminels sur le secteur des déchets, mais aussi de l'immobilier, est telle qu'une « session antimafia » de l'Assemblée de Corse s'est tenue le 27 février 2025, en présence du ministre de la Justice, Gérald Darmanin. Au cours de cette réunion, les grandes lignes d'un rapport de « lutte contre les dérives mafieuses » ont été dévoilées[11]. Même si les termes sont prudents, on y lit que, dans l'industrie des déchets, « les phénomènes de concentration économique et de captation renforcés par l'insularité génèrent des risques de surprofits pouvant susciter les appétits de la criminalité organisée et alimenter les dérives mafieuses. »

Bref, une partie de l'économie de l'île est gangrenée par le crime organisé. Dans le reste de l'Hexagone, les enquêtes judiciaires menées ces dernières années ont aussi dessiné le portait d'une Camorra des déchets à la française. « Les manœuvres employées sont typiques du crime organisé : extorsion, menaces et corruption permettent de contrôler des sociétés et de capter des marchés publics », alerte la PJ.

En dehors de la Corse, très exposée, la « note verte » pointe deux « secteurs à risques », en raison de « la forte pression foncière » et de la hausse continue du volume de déchets à traiter : en Île-de-France et dans la région Provence-Alpes-Côte d'Azur où « plusieurs affaires

11. « Lutte contre les dérives mafieuses », Assemblée de Corse, rapport n° 2025/01/39 présenté les 27 et 28 février 2025 par le président du Conseil exécutif de Corse.

ont révélé l'implication de membres historiques du banditisme traditionnel dans le recyclage des déchets du BTP ».

Autour de Paris, un mini-empire de l'enfouissement illégal

En région parisienne, l'une de ces affaires a conduit, fin 2021, la PJ de Versailles et l'Oclaesp à interpeller les instigateurs d'un trafic géant de déchets issus des travaux du « Grand Paris ». Dans les coulisses de ce projet titanesque de construction de logements, de bureaux, d'équipements sportifs reliés par un « super métro » de 200 kilomètres, se sont infiltrées des sociétés de terrassement tenues par des malfaiteurs.

En 2020, les enquêteurs s'intéressent de près à la compagnie Terrasol alors dirigée par une ancienne figure de la pègre nantaise et un ex-braqueur fiché au grand banditisme, sorte de Tony Soprano de banlieue parisienne. Ils sont soupçonnés de récupérer les déchets des chantiers de BTP avant de faire pression sur des propriétaires de terrains publics ou privés pour y déverser les gravats censés être retraités.

Ces deux-là auraient bâti autour de Paris un mini-empire de l'enfouissement illégal. « Agissant comme de véritables chefs mafieux, ces équipes sont parvenues à faire main basse sur l'ensemble de la chaîne de retraitement [...] et à s'allier avec des communes franciliennes qui avaient à leur disposition des terres inutilisées », écrivent les enquêteurs de la PJ de Versailles dans un rapport de synthèse de décembre 2023 dévoilé par *Libération*[12].

À leur actif, un gros coup à Fleury-Mérogis, dans l'Essonne. L'enquête révèle qu'ils ont transformé un terrain communal de 7 hectares en décharge à ciel ouvert, recouvrant les lieux de 300 000 tonnes d'un mélange de terres polluées, de gravats, de briques et de morceaux de canalisations dans lequel on trouvera des traces de PCB, d'hydrocarbures, de mercure et d'amiante. Contre des pots-de-vin manifestes, le maire de l'époque, confondu par les écoutes téléphoniques, aurait donné sa bénédiction à l'opération. Mis en examen fin 2023 pour corruption passive, ce dernier encourt dix ans de prison.

Le même duo infernal serait impliqué dans une autre affaire à Vaujours, petite ville de Seine-Saint-Denis. L'enquête judiciaire a commencé en 2018 après le témoignage de l'agriculteur chargé des travaux de terrassement et de dépollution de deux parcelles appartenant à la commune. Un jour, il voit débarquer des voyous qui affirment travailler pour la mairie. Menaces de mort, agressions à la batte de baseball… L'homme abandonne les terres aux malfrats qui vont y amonceler des tonnes de résidus de chantiers polluants.

Rapidement, l'enquête révèle le rôle joué par le directeur des services administratifs et le chef de la

12. Édition du 27 février 2024.

police municipale de Vaujours. Mis en examen fin 2020 pour « extorsion en bande organisée », « tentative d'association de malfaiteurs et de trafic d'influence », « gestion irrégulière de déchets » et « atteinte à l'environnement », ils auraient été de mèche avec l'ancien braqueur, lui permettant, avec ses complices, de déverser des dizaines de tonnes sur les terrains de la commune et d'empocher jusqu'à 60 000 euros par jour !

Il est vrai que l'affaire a rapidement pris une dimension à peine croyable. « J'ai porté ce dossier énorme puisque les déchargements illégaux se sont étendus sur huit mois à raison d'une centaine de camions par jour », affirme Daniel Borgeot[13], ancien maire adjoint de Vaujours.

En février 2024, Dominique Bailly, le maire de Vaujours déjà entendu par les enquêteurs en 2020, est à son tour placé en garde à vue avant sa convocation en vue d'une éventuelle mise en examen pour « tentative d'extorsion en bande organisée et atteintes à l'environnement » par le juge d'instruction en charge de l'affaire. L'élu est ressorti libre et aucune poursuite n'a à ce jour été engagée contre lui.

Vaujours et Fleury-Merogis : le parquet de Paris a confirmé qu'il s'agissait bien de la même affaire. Dans les deux cas, la brigade de répression du banditisme de Versailles et l'Oclaesp « ont mis en évidence un système de type mafieux permettant à des membres du grand banditisme parisien de blanchir des sommes

13. Entretien avec l'auteur le 20 juin 2025.

importantes dans la filière du traitement des déchets autour de la société Terrasol », a expliqué le procureur.

À Nîmes, les sombres exploits du « roi des poubelles »

Avec l'Île-de-France, le Midi est l'autre terre promise des escrocs des déchets. En décembre 2021, l'Oclaesp et les gendarmes de la section de recherches de Nîmes y ont démantelé un réseau qui facturait des prestations fictives avant d'abandonner les déchets dans des hangars ou de les exporter clandestinement en Espagne.

Au cœur de ce trafic, une figure du milieu nîmois, Richard Perez, surnommé le « roi des poubelles ». Homme d'affaires sulfureux, le sexagénaire aux faux airs de Fernandel a fait main basse sur le marché des ordures de Nîmes dès les années 1980. À ce moment-là, le maire, Jean Bousquet, fondateur de Cacharel, ne jure que par ce grand escogriffe, autodidacte, pourtant manifestement proche de la pègre locale. Dans la décennie suivante, Perez enchaîne les condamnations pour abus de bien sociaux, corruption, faux et usages de faux, détention de drogue… En 2003, il écope de neuf ans de prison pour avoir brûlé les bennes de l'un de ses concurrents.

Dès sa sortie de prison, le « roi des poubelles » reprend les rênes de la société de collecte de déchets Bennes 30. Très vite, l'entreprise est impliquée dans de la « déballe sauvage » en pleine nature et dans une série d'incendies suspects d'entrepôts d'ordures à Milhaud,

Nîmes et près de Miramas, où les pompiers mettront un mois à venir à bout des flammes qui consument des amas de plastique, provoquant une pollution aux particules fines de grande ampleur.

Baptisée ironiquement « Poubelle la vie » par la juge de Marseille en charge du dossier, l'enquête débouche sur un gros coup de filet dans lequel tomberont Richard Perez et ses complices dans le Gard, les Bouches-du-Rhône et le Vaucluse. Mis en examen en 2022, Richard Perez fera huit mois de détention préventive dans une cellule des Beaumettes. Soupçonné d'avoir supervisé le dépôt illégal de quelque 100 000 tonnes de déchets, il a été placé sous contrôle judiciaire. « Il n'est plus sous bracelet électronique et j'espère que l'instruction en cours débouchera sur un non-lieu » avance son avocat Me Charles Consigny[14].

« Mafia des déchets de la Côte d'Azur »

Sur la berge opposée du Rhône, à Aix-en-Provence, un autre procès s'est tenu en fin 2024 qui a confirmé en appel les lourdes peines, allant jusqu'à quatre ans de prison dont deux avec sursis, infligées en 2021 en première instance à la tête du réseau. Dans le box des accusés, dix-sept prévenus, membres de ce que la presse a surnommé la « mafia des déchets de la Côte d'Azur » coupable d'avoir déversé des déchets sur des

14. Entretien avec l'auteur le 20 juin 2025.

terres agricoles, des forêts classées et des aires sauvages protégées à Fréjus, au Luc, à Roquebrune-sur-Argens ou aux Arcs.

Ferraille, goudron, gravats… les déchets provenaient de chantiers de la région conduits par exemple à l'aéroport de Nice. « On a recensé des milliers de tonnes déposées en dehors de tout cadre légal sur une vingtaine de sites du Var et des Alpes-Maritimes, avec des espaces naturels protégés parfois pollués au plomb et à l'arsenic[15] », précise, indigné, le colonel Alexandre Malo. En poste au ministère des Armées, il dirigeait à l'époque le groupement de gendarmerie du Var.

Les gendarmes sont alertés à l'été 2019 par des entreprises concurrentes et des plaintes de particuliers contre des collecteurs et des transporteurs prêts à tout pour rafler des marchés et occuper de force les terrains où balancer les déchets. « À chaque plainte et chaque dépôt illégal, on retrouvait l'une des six sociétés impliquées dans le dossier, et nos investigations ont montré qu'elles travaillaient ensemble », affirme le colonel Malo.

Particularité de cette affaire, le mode opératoire ne fait pas dans la dentelle. Les individus mis en cause achetaient de vieux camions, embauchaient des chauffeurs au noir, cassaient les prix et, une fois les marchés obtenus, balançaient les déchets dans la nature. Classique ? Ils seraient allés plus loin. « Ils s'entendaient entre eux

15. Entretien avec l'auteur le 26 juillet 2024.

pour se partager les marchés, explique le colonel Malo, et quand ils n'emportaient pas les contrats, ils empêchaient le concurrent de l'honorer ou lui extorquaient par la menace l'argent qu'il avait gagné. Leur objectif était clairement d'imposer une situation de monopole. »

Pour trouver les terrains où déverser les déchets, là encore, la méthode est musclée. « Des particuliers qui voulaient se faire un jardin ou agrandir leur vigne ont répondu à une annonce sur Leboncoin ou Facebook leur proposant gratuitement de la terre végétale, raconte Alexandre Malo. À la place, des dizaines de camions déposent des déchets du BTP sur leur parcelle. »

Au choc de voir leur terrain transformé en décharge publique va succéder la peur. « Ceux qui ont tenté de s'opposer aux déchargements ont fait l'objet d'intimidations, voire de menaces de mort. » Un accusé avait ainsi prévenu des propriétaires récalcitrants : « Vous ne connaissez pas notre milieu, nous réglons les problèmes à coups de fusil. »

Au tribunal de Draguignan, l'avocat de la branche locale de l'Union des industries de carrières et matériaux de construction (Unicem), partie civile au procès, évoquera aussi « des pressions sur les élus ou même sur les gendarmes, à qui on proposait de fermer les yeux et de leur reverser de l'argent pour assurer leur retraite ».

Le profil des entrepreneurs ripoux incriminés ? « Nous avons affaire à des individus en marge de la société et du droit, déjà défavorablement connus de nos services, précise le colonel Malo. Certains, pas tous, sont membres de la communauté des gens du voyage. Ils ont un casier judiciaire avec des antécédents pour escroqueries, menaces, extorsions. C'est un système quasi mafieux. »

L'enquête va mobiliser des moyens exceptionnels. Surveillances, y compris aériennes, filatures, écoutes téléphoniques… À l'été 2020, tout est prêt pour un spectaculaire coup de filet. Baptisée « Terres brûlées », l'opération est déclenchée à l'aube. Sur plusieurs sites, 200 gendarmes sont mobilisés. Bilan de l'opération : 11 individus sont interpellés et mis en examen pour « gestion irrégulière de déchets en bande organisée », « escroquerie », « blanchiment », « menaces de mort », « extorsions » et « travail dissimulé ».

Depuis l'opération « Terres brûlées » et le démantèlement de la « mafia des déchets », les décharges sauvages n'ont pas disparu comme par enchantement. « Sur les routes du Var, on voit fréquemment des monticules de déblais qui proviennent de chantiers des Bouches-du-Rhône et des Alpes-Maritimes, déplore le colonel de gendarmerie. Situé entre Marseille et Nice, où les constructions sont nombreuses, couvert de zones boisées propices aux dépôts illégaux, le Var est un département à risque. »

Comme tout le Midi de la France. La région de Marseille en particulier est défigurée par la multiplication des décharges illégales. Près du parc du Bocage à Plan-de-Cuques, des milliers de litres d'hydrocarbures ont été déversés dans la rivière du Jarret. Entre l'Estaque et Marignane, au nord-ouest de la ville, des centaines de carcasses de véhicules volés et des débris du BTP bourrés d'amiante gisent dans les collines de la Nerthe.

Ferraille, plastique, carton, matériel électronique usagé, gravats en tout genre… Au total, dans l'Hexagone, les douaniers ont intercepté en 2024 plus de 62 000 tonnes d'ordures et de détritus, le niveau de saisies le plus élevé depuis cinq ans. Mais le business illégal des déchets n'est que l'un des maux qui ternissent l'image du BTP. Dans les travaux de rénovation énergétique des bâtiments, les escrocs sont également omniprésents. Rivalisant d'ingéniosité, ils détournent chaque année des centaines de millions d'euros d'aides publiques.

CHAPITRE 6

HOLD-UP SUR LA RÉNOVATION ÉNERGÉTIQUE

Une décennie après le « casse du siècle » sur la taxe carbone, popularisé par le livre de Fabrice Arfi et la série de Canal+ « D'argent et de sang[1] », une autre arnaque a pris le relais. Les escrocs ciblent désormais les milliards d'euros d'aides publiques à la rénovation énergétique des logements, fragilisant l'un des piliers de la transition écologique dans un pays qui compte des millions de passoires thermiques.

MaPrimeRénov', cible d'une fraude massive

Fin 2022, Tracfin, le service de renseignement du ministère de l'Économie chargé de traquer les flux financiers clandestins, sonne l'alarme. Inauguré deux ans plus tôt, le dispositif MaPrimeRénov', destiné à aider les propriétaires à changer leur vieille chaudière

1. Fabrice Arfi, *D'argent et de sang, le casse du siècle*, Paris, Seuil, 2018.

au fioul pour un système de chauffage moins polluant ou à isoler leur toit, ferait l'objet d'une fraude massive. À Bercy, c'est le branle-bas de combat. Une inspection générale du dispositif est lancée.

Trop tard. Les limiers de Tracfin avaient vu juste, il y a bien fraude et elle est effectivement massive : 400 millions d'euros auraient été piqués dans la caisse de MaPrimeRénov' en 2023, sur un budget de 2,4 milliards d'euros. Pour 100 euros de primes versées, 15 euros seraient tombés directement dans la poche des margoulins.

En 2024, l'enveloppe des aides est portée à 3 milliards d'euros. Si elle se poursuit au même rythme, la fraude pourrait atteindre 450 millions d'euros. Vertigineux ! Heureusement, l'an dernier, l'Agence nationale de l'habitat (Anah) a détecté plus de 60 000 dossiers suspects et, après vérification, a bloqué 44 000 arnaques – soit 120 par jour – qui auraient détourné 230 millions d'euros.

À l'évidence, la rénovation énergétique est devenue l'un des terrains de jeu favoris des escrocs. « Avec la téléphonie mobile, il s'agit du secteur qui génère le plus de plaintes et de signalements, loin devant tous les autres[2] », note Romain Roussel, sous-directeur de la DGCCRF[3]. Un secteur gangrené par « de nombreuses fraudes,

2. Entretien avec l'auteur le 3 juin 2024.
3. Direction générale de la concurrence, de la consommation et de la répression des fraudes.

escroqueries et malfaçons [qui] érodent la confiance des consommateurs, les dissuadant d'effectuer leurs travaux », confirme un rapport d'enquête du Sénat[4].

Comment en est-on arrivé là ? « La rénovation énergétique brasse beaucoup d'argent, cela provoque un appel d'air pour des réseaux très organisés de fraudeurs », répond Romain Roussel. Fin 2023, le ministre chargé des Comptes publics avait résumé d'une formule : « Cinq milliards d'euros, ça aiguise les appétits. » Soit, mais on reste ébahis par la facilité avec laquelle les escrocs opérèrent.

Une faille béante dans le système d'aides publiques

Dans le cas de MaPrimeRénov' comme dans celui de la fraude à la TVA sur les quotas carbone, les concepteurs ont péché par naïveté. Ils n'ont pas imaginé un instant que des arnaqueurs allaient faire main basse sur cette prime accessible en quelques clics aux propriétaires, qui peuvent se faire financer jusqu'à 1 800 euros l'achat d'un poêle à bois, 7 000 euros celui d'une chaudière à granules et 63 000 euros la rénovation complète de leur maison.

En effet, il y a une faille béante dans le système. Les particuliers ont la possibilité de passer par une société mandataire, un installateur de chauffage par exemple,

4. Commission d'enquête du Sénat sur l'efficacité des politiques publiques en matière de rénovation énergétique, juillet 2023.

qui va toucher la prime à leur place et la déduire de leur facture. Un boulevard s'ouvre aux arnaqueurs : il leur suffit de s'inscrire comme mandataires sur le site de l'Anah et de créer de faux fichiers clients pour toucher la prime.

Par sécurité, l'administration exige un identifiant France Connect ? Qu'à cela ne tienne. « Les escrocs ont des identifiants récupérés lors de précédentes arnaques ou se les échangent sur des groupes WhatsApp[5] », explique Pierre Pichère, rédacteur en chef de la revue *Génie climatique*, auteur d'une enquête fouillée parue début 2023 dans *Le Moniteur* sous le titre « Les escrocs de la réno »[6]. Une fois rempli le dossier de rénovation au nom de particuliers qui ignorent avoir déposé une demande, il ne reste plus aux filous qu'à disparaître avec l'argent.

Signe que le sujet est pris très au sérieux : dans son dernier rapport sur le blanchiment de capitaux et le financement du terrorisme, Tracfin a consacré un chapitre entier à MaPrimeRénov'[7]. La cellule de renseignement de Bercy y décrit de A à Z le circuit de la fraude et de l'évaporation des fonds.

Tout commence lorsque, muni de faux documents d'identité et d'attestations bidon de dépôts de fonds, M. X dépose au greffe du tribunal de commerce une

---

5. Entretien avec l'auteur le 3 juin 2024.
6. Pierre Pichère, « Les escrocs de la réno », *Le Moniteur des Artisans*, 5 janvier 2023.
7. https://urlz.fr/tHwx

société fictive d'installation de panneaux solaires et l'inscrit dans la foulée comme mandataire auprès de l'Anah. Sur la foi de fausses factures de travaux, il touche les subventions, qu'il transfère aussitôt vers de prétendus sous-traitants gérés par des hommes de paille et domiciliés la plupart du temps à l'étranger. De là, le magot est mis à l'abri dans des pays où le secret bancaire est roi. Même si l'arnaque est percée à jour, la justice aura le plus grand mal à récupérer les fonds.

Face à des sociétés éphémères localisées à l'étranger, les enquêteurs sont largement démunis. « Les donneurs d'ordre peuvent générer des flux financiers extrêmement rapides qui transitent vers des comptes situés dans des pays tiers, y compris en dehors de l'Union européenne. Ces facteurs expliquent la complexité des enquêtes », a admis Myako Guy, cheffe du bureau immobilier et BTP de la DGCCRF devant la commission d'enquête du Sénat.

Le temps que l'Agence de l'habitat se rende compte qu'elle a été flouée, M. X a déjà mis sa société en faillite et, toujours sous une fausse identité, en a créé une nouvelle, tout aussi bidon, et déposé un nouveau dossier auprès de l'Anah. C'est reparti pour un tour dans un carrousel sans fin de fraudes extrêmement lucratives.

À chaque aide sa fraude

Mise en garde, l'Anah suspend le versement des primes au moindre soupçon. Depuis fin 2022 et les premières alertes de Tracfin, des milliers de dossiers ont ainsi été bloqués dans l'attente de contrôles. Cependant, les autorités sont débordées. « Nous avons constaté dans nos enquêtes, intensifiées au fil des années, que nous avions affaire à un phénomène massif, difficile à endiguer », admet Romain Roussel, sous-directeur de la DGCCRF.

Les chasseurs de primes ont de l'imagination à revendre et toujours un coup d'avance. « À chaque fois qu'une nouvelle aide est créée, elle déclenche l'apparition d'une nouvelle fraude », soupire Romain Roussel. « Il y a tellement d'argent à se faire que, sur leurs groupes WhatsApp, les "escrocs de la réno" s'échangent les bons tuyaux », rapporte Pierre Pichère.

Les arnaqueurs forment en effet une grande famille. On les trouve notamment parmi les voyous de la communauté des juifs d'origine tunisienne de Belleville. Leur héros s'appelle Mardoché Mouly, dit Marco Mouly ou Marco l'Élégant. Figure emblématique du « casse du siècle » sur la TVA à la taxe carbone, formé à l'école de la rue, roi autoproclamé de l'arnaque, l'homme, arrêté à Rome en mars 2025 dans le cadre d'un mandat d'arrêt international lancé contre lui par la justice française dans une autre affaire, est l'archétype de l'escroc surdoué.

Il suscite même un brin d'admiration chez les enquêteurs. « Les Marco Mouly et consorts ont bac –12 mais sont capables de mettre en œuvre une ingénierie de la fraude extrêmement sophistiquée[8] », s'étonne

8. Entretien avec l'auteur le 5 juin 2024.

le colonel de gendarmerie Ludovic Ehrhart, chef de l'Office central de lutte contre les atteintes à l'environnement et à la santé publique.

Dans le sillage de Marco Mouly, dont les exploits ont fait l'objet d'un documentaire Netflix, une nouvelle génération a pris la relève du sexagénaire. « La délinquance franco-israélienne est très active dans la rénovation énergétique », confirme une source policière. Dans le courant des flots financiers vers les paradis fiscaux, des virements suspects vers Israël ont en effet été détectés par Tracfin.

Ceux que des policiers ont surnommés la « mafia des kippas » ont enchaîné les combines. Ils sont passés de la fraude à la TVA à l'escroquerie aux faux comptes personnels de formation et aux contrefaçons de tests Covid, avant de jeter leur dévolu sur la rénovation énergétique.

Condamné en 2016 à huit ans de prison, Marco Mouly lui-même a plongé dans la combine après avoir été placé en semi-liberté en 2020. Selon le magazine *Society*, il cherche à cette période à « écouler des panneaux solaires et des pompes à chaleur […] avec l'idée de profiter des primes de rénovation promises par l'État pour surfacturer les équipements installés et encaisser des marges frôlant les 50 %[9]. »

---

9. Pierre Boisson, « Le roi de l'arnaque passe aux aveux », *Society* n° 196, 22 novembre 2022.

Pour les arnaqueurs chevronnés, la rénovation énergétique, c'est le casino royal, la promesse de faire sauter la banque. Les mandataires bidon usurpant l'identité de particuliers pour empocher MaPrimeRénov' ne sont qu'une de leurs multiples combines. L'arnaque peut aussi viser de vraies sociétés mandataires aux noms desquels sont déposés de faux dossiers clients.

Une autre embrouille consiste, Marco Mouly l'a bien compris, à installer du matériel bas de gamme tout en empochant la prime dévolue à des équipements ultra-performants. « En 2022, les ventilations double flux ont fait l'objet d'une bonification de MaPrimeRénov'. Des fraudeurs en ont profité pour installer à toute vitesse des milliers de produits non conformes, se souvient Pierre Pichère. Le temps que la fraude soit détectée, ils étaient déjà passés à autre chose. »

Pompes à chaleurs, chauffe-eau solaires, chaudières à bois… Ils saisissent toutes les opportunités. Lorsqu'en 2019, Action logement a proposé de verser un acompte de 25 % sur des travaux de rénovation, des milliers de dossiers ont été déposés et des millions d'euros se sont évanouis dans la nature en quelques semaines.

En guise de riposte à ce hold-up permanent, l'État rabote les aides et durcit l'accès aux primes. Pour certains travaux, il est désormais obligatoire de faire appel à un conseiller baptisé « Mon Accompagnateur Rénov' ». Les escrocs ont trouvé la parade : racheter ces tiers de confiance ou leur graisser la patte. « Nous contrôlons qu'ils sont bien agréés, assure Romain Roussel, qu'ils sont réellement indépendants, qu'il n'y a pas de collusion, que des Accompagnateurs Rénov' censés conseiller les consommateurs ne renvoient pas systématiquement vers les mêmes entreprises de travaux. »

Porte-à-porte et démarchage téléphonique

Autre porte d'entrée pour les escrocs : le démarchage téléphonique, strictement interdit dans la rénovation depuis 2020. Cela n'empêche pas les fraudeurs de harceler les clients, de se faire passer pour des agents d'EDF ou d'un service public, pour leur vendre hors de prix des équipements de piètre qualité. Comment se procurent-ils les numéros de téléphone ? Vendus en ligne sous le manteau, les « contacts clients » sont aussi monnayés légalement par des comparateurs de prix en ligne.

D'autres pratiques sont plus scandaleuses encore. Rapporteur de la commission d'enquête du Sénat sur la rénovation énergétique, Guillaume Gontard a livré à ce sujet un témoignage instructif. Avant le début des travaux de la commission, le sénateur de l'Isère dépose en guise de test un dossier de simulation de travaux sur le site de France Rénov', le service public mis en place pour guider les Français dans leurs démarches de rénovation énergétique. Une demi-heure plus tard, il est submergé d'appels lui proposant notamment des pompes à chaleur. Ses coordonnées avaient été instantanément transmises à des vendeurs de matériel.

Si, contrairement au démarchage téléphonique, le démarchage à domicile est autorisé, il est souvent pratiqué dans la rénovation énergétique par « des bandes organisées qui visent en particulier les personnes âgées ou vulnérables, alerte Romain Roussel. Les fraudeurs leur font souscrire des crédits en faisant croire qu'il s'agit de devis, prétendent que les travaux sont obligatoires ou réclament le versement d'un acompte, ce qui est illégal. Pour obtenir les chantiers, ils vont parfois jusqu'à la menace physique. »

Dernier exemple en date : après quatre ans d'enquête, le parquet de Nanterre a annoncé fin 2024 le démantèlement d'une organisation d'une trentaine de personnes mises en examen pour escroquerie, abus de biens sociaux et blanchiment. Déjà connu des services de police, le chef de file de ce réseau avait déployé une armée de faux commerciaux en région parisienne qui proposaient aux particuliers, principalement des personnes âgées et des jeunes couples aux revenus modestes, une pompe à chaleur ou un chauffe-eau.

Pour financer l'installation du matériel, ils leur faisaient souscrire un crédit entièrement couvert, les rassuraient-ils, par MaPrimeRénov'. En réalité, une fois le contrat signé, la prime n'était jamais versée et les victimes, obligées malgré tout de rembourser le crédit, ont parfois été contraintes de vendre leur maison pour éponger leur dette. Dans ce dossier, près de 400 plaintes ont été déposées pour un préjudice estimé à 27 millions d'euros.

Les auteurs de ces méfaits ne sont pas de simples artisans sans scrupule. « Ils relèvent de la criminalité en bande organisée, certains ont des casiers judiciaires, indique le responsable de la répression des fraudes. Leurs agissements vont souvent de pair avec d'autres infractions, comme le travail dissimulé et la fraude fiscale. »

Arnaque massive aux certificats d'économies d'énergie

Enfin, les certificats d'économies d'énergie (CEE) ont fait, eux aussi, l'objet d'une escroquerie massive. Pour comprendre comment la fraude a vicié le système, il faut remonter à 2005, quand l'État oblige les énergéticiens (Engie, Primagaz…) et, depuis 2011, les enseignes de la grande distribution vendant du carburant dans leurs stations-service (Leclerc, Carrefour…) à aider les particuliers à financer leurs travaux de rénovation énergétique.

Schématiquement, tous ces opérateurs doivent se plier à un objectif d'économies d'énergie. Plus ils aident financièrement les particuliers à changer de chauffage ou à isoler leurs combles, en subventionnant directement les travaux ou en versant les aides aux artisans qui les déduisent de leurs factures, plus ils accumulent de CEE. Régulièrement, l'État fait les comptes. Si les opérateurs n'ont pas engrangé assez de CEE, ils écopent d'une amende salée.

En théorie, le mécanisme, basé sur le principe pollueur-payeur, est vertueux. Il accélère la rénovation énergétique des logements, la baisse de notre consommation d'énergie et la décarbonation des bâtiments, sources d'un quart de nos émissions de gaz à effet de serre. Chaque année depuis 2021, le système des CEE a financé plus de 1 million de chantiers de rénovation.

Notons que ce mécanisme ne coûte rien à EDF, Engie ou TotalEnergies. Les groupes se contentent de répercuter le coût des fameux certificats sur les prix de l'électricité, du gaz ou de l'essence vendue à la pompe. Le surcoût est chiffré par la Cour des comptes à 164 euros par Français en 2023[10]. De son côté, Leclerc en a profité pour attirer du monde dans ses rayons en convertissant les primes aux particuliers en… bons d'achat.

Selon la Cour des comptes, « de nombreux cas de fraudes avérés ont affecté la crédibilité » du dispositif. Il brasse chaque année 6 milliards d'euros de primes, versées par TotalEnergies ou EDF soit directement aux particuliers pour financer leurs travaux, soit aux artisans homologués. Prétendant être agréés ou habilités par l'État ou EDF pour effectuer des travaux éligibles aux CEE, des escrocs ont trompé des milliers de particuliers en leur promettant des prestations financées à 100 % par les fameux certificats.

L'arnaque prend plusieurs formes. Premier cas de figure : après avoir mis la main sur les données

10. Rapport sur les certificats d'économies d'énergie, Cour des comptes, juillet 2024.

personnelles de sa victime, l'escroc monte un dossier de toutes pièces et encaisse la subvention sans effectuer les travaux. Ou bien il disparaît avec l'acompte qu'il a extorqué. Il peut aussi toucher les aides en échange de travaux bâclés, exécutés à la va-vite par des ouvriers sous-payés, le plus souvent en provenance des pays de l'Est.

S'adressant aux foyers les plus modestes, les opérations « Coup de pouce » sur les « isolations à 1 euro » – dont les aides couvraient la totalité du prix des travaux moins un reste à charge symbolique de 1 euro – ont été submergées par une telle avalanche de fraudes qu'elles ont été supprimées en 2021.

Jamais à court d'idées, les escrocs se sont ensuite rués sur le « Coup de pouce chauffage », qui accorde des primes de 2 500 à 4 000 euros à l'installation de pompes à chaleur ou de panneaux solaires.

L'essentiel de la fraude s'est toutefois concentré sur le « Coup de pouce » à la rénovation globale des maisons individuelles, mis en place en 2021. Destinés à réduire de moitié la consommation énergétique des habitations, les devis de ce type de rénovations lourdes dépassent allègrement les 50 000 euros. Des foules de dossiers truqués ont ainsi concerné la rénovation de belles demeures anciennes, affolant le compteur des précieux certificats.

Dans *Le Moniteur des artisans*, on découvre par exemple ce château médiéval en Rhône-Alpes où plus de 100 000 euros de travaux ont donné lieu au versement de 80 000 euros de certificats d'énergie[11]. De quoi offrir aux fraudeurs quelques séjours dans des hôtels de luxe et des soirées au champagne.

Dans tous les cas, les propriétaires démarchés ont succombé sans trop se poser de questions. Pas étonnant, selon Pierre Pichère. « Quand vous voyez arriver des devis de rénovation thermique de votre maison à 35 000 euros et qu'une entreprise, même louche, assure que vous ne paierez à la fin que 1 euro, vous signez, et tant pis si les travaux ne sont pas très bien faits. »

Falsification des audits thermiques

Bref, les escrocs ont dévoré le gâteau à belles dents. Comment s'y sont-ils pris ? Pour calculer le nombre de certificats générés par ces rénovations, un audit doit établir la performance énergétique avant travaux. Pour empocher le maximum de primes, il suffit de falsifier cet audit afin de faussement dégrader l'état thermique de départ de l'habitation et de surévaluer le résultat final de la rénovation.

En passant au crible les dossiers déposés en 2021, pour la majorité entachés de suspicion, la Cour des comptes a noté un nombre ahurissant de maisons à la consommation « totalement anormale », dépassant

11. Pierre Pichère, « La fraude en pratique : anatomie d'un devis de rénovation globale », *Le Moniteur des artisans*, 6 novembre 2023.

de très loin le niveau G, le pire du diagnostic de performance énergétique (DPE). Après travaux, les mêmes maisons sont miraculeusement passées en catégorie A.

Pierre Pichère a révélé à la commission d'enquête du Sénat certaines des astuces utilisées, comme ces études thermiques situant La Rochelle à 1 900 mètres d'altitude, ce qui dope évidemment les performances de la rénovation thermique et donc le volume des certificats. Il y a aussi des communes faussement situées dans le Doubs, département le plus froid de France.

À la phase de validation des chantiers, les fraudeurs ont recours à des bureaux de contrôle factices. Aux mains de complices, « des sociétés se sont montées à toute allure sans la moindre compétence, confie Pierre Pichère. J'en ai découvert une qui avait la même adresse et le même gérant qu'un vendeur de scooters. Il validait les chantiers sans jamais y avoir mis les pieds. »

La machine infernale de la fraude aux certificats d'énergie s'est rapidement emballée. « Fin 2022, début 2023, il y a eu sur les rénovations globales des fraudes de l'ordre de 5 millions par semaine, évalue notre expert. Des professionnels ont estimé que 90 % à 95 % des dossiers présentés étaient frauduleux parce que, au bout d'un moment, certains artisans qui travaillaient honnêtement ont fini par rejoindre le système. »

Royaume du copinage et de la collusion

Pour tenter d'endiguer la fraude, le dispositif des CEE est revu à la baisse en 2022 et plafonné en 2023 à 25 000 euros. La même année, le Pôle national des certificats d'économies d'énergie (PNCEE), chargé de valider et de distribuer les primes, a bloqué des milliers de dossiers douteux pour un montant de 800 millions d'euros. Avec les 400 millions de fraudes à MaPrimeRénov', on se rapproche du jackpot du « casse du siècle » sur le carbone.

S'agissant du mécanisme des certificats d'énergie, les C2E dans le jargon des professionnels, la Cour des comptes s'interroge sur l'ampleur du phénomène. Elle « pose question, lit-on dans son rapport de juillet 2024, quant à la nature de la responsabilité des différents acteurs impliqués : bénéficiaires finaux, entreprises de travaux, diagnostiqueurs, bureaux de contrôle et demandeurs de certificats ».

Dans la chaîne des intervenants, qui était impliqué dans cette escroquerie à grande échelle ? Difficile à dire. Seule certitude, l'univers de la rénovation énergétique fonctionne en vase clos au sein d'un écosystème propice à toutes les dérives. C'est le royaume du copinage, de la collusion et, au final, de la fraude.

En principe, les bureaux de contrôle des travaux doivent être indépendants et homologués par le Cofrac, le Comité français d'accréditation. Dans les faits, « une partie d'entre eux est peu regardante ou complaisante, voire frauduleuse », a témoigné Oussama Djeddi, cofondateur du bureau de contrôle agréé Spekty, devant la commission d'enquête du Sénat. « Cela génère des corridors de fraude qui vont de l'auditeur peu scrupuleux à l'entreprise qui bâcle les travaux en passant par un bureau peu strict qui va tamponner les justificatifs parce qu'il fait partie du même écosystème. »

Dans la lutte contre la fraude, « c'est là que se situe l'enjeu crucial », a-t-il insisté. Car des « liens d'intérêts ont pu se nouer entre certains bureaux de contrôle d'une part et des entreprises de travaux ou des demandeurs de C2E d'autre part ». En clair, des fraudes ont fleuri parce que les organismes de contrôle étaient tout sauf indépendants. « C'est pour nous un point de vigilance », confirme Romain Roussel de la DGCCRF.

Selon Pierre Pichère, « près de 30 % des bureaux de contrôle accrédités par le Cofrac avaient des liens avec des énergéticiens, ou des sociétés de travaux, ou les deux ». Ce mélange des genres ouvre la porte à toutes les manœuvres permettant de faire tomber le plus possible de certificats d'énergie dans l'escarcelle des entreprises.

Pluie d'amendes sur les grands groupes

Ces sorties de route sont régulièrement sanctionnées par le ministère de la Transition écologique. En 2020, le groupe Bolloré Energy a écopé de 1 million d'euros d'amende pour avoir triché sur l'obtention de

1,1 milliard de kWh de certificats d'économie d'énergie. Il n'est pas le seul. Carfuel, le distributeur de fioul de Carrefour, Antargaz, Gazel, la branche énergie du milliardaire tchèque Daniel Kretinsky, premier actionnaire de Casino et de Fnac Darty, se sont eux aussi fait taper sur les doigts.

L'amende la plus salée, 3,1 millions d'euros, a été infligée fin 2023 à la société Enr'Cert dont le gérant a, par ailleurs, comparu devant le tribunal correctionnel de Nantes pour une fraude aux certificats d'énergie de près de 700 000 euros. En 2024, des sanctions financières de 2,4 millions d'euros au total ont été prononcées contre TotalEnergies, Dalkia, une filiale d'EDF, Teksial Energy, Sefe Energy, dont la maison mère est détenue par l'État allemand, et Hellio Solutions, déjà condamné pour le même motif.

Comment en finir avec ces escroqueries qui gangrènent la rénovation énergétique ? Très critique sur le dispositif, la Cour des comptes a proposé de supprimer les certificats d'économies d'énergie. De son côté, la Répression des fraudes a multiplié les contrôles, par exemple dans le secteur de l'immobilier de luxe sur la Côte d'Azur, vecteur important de blanchiment d'argent sale. Les liens ont été resserrés entre Tracfin, la police, la douane et le fisc, sous l'égide de la mission interministérielle de coordination antifraude.

La répression s'intensifie, elle aussi. « Nos enquêtes peuvent mener à des sanctions pénales qui se traduisent dans certains cas par de la prison ferme et plusieurs centaines de milliers d'euros d'amende, souligne Romain Roussel. Nous avons davantage recours aux saisies pénales qui nous permettent, avant une décision de justice, de bloquer les comptes et les avoirs des fraudeurs. On leur coupe financièrement les ailes pour les empêcher de disparaître dans la nature. »

Malgré l'intensification de la lutte contre la fraude, les milliards d'euros du secteur de l'énergie n'en finissent plus d'attirer les escrocs. Dans ce domaine, tout est matière à malversations, y compris les plus inattendues, comme celle consistant à approvisionner des fabricants de biocarburants en huiles de friture usagées volées dans les arrière-cours des fast-foods.

CHAPITRE 7

LE GANG DES HUILES DE FRITURE

La région Centre-Val-de-Loire, touristique et rurale, terre de somptueux châteaux et de vignes réputées, tiraillée entre la Touraine et la Beauce, n'est certes pas épargnée par la délinquance. Mais l'affaire a d'abord laissé les gendarmes perplexes. À partir de l'hiver 2023, une épidémie de vols pas comme les autres se répand : des vols d'huile de friture usagée. Qui peut s'intéresser à ce liquide visqueux récupéré dans des bacs de cuisson et entreposé à l'arrière de fast-foods, de restaurants et de cantines ?

Tout commence lorsque le gérant d'un McDonald's de Saint-Pierre-des-Corps, près de Tours, est alerté en pleine nuit. Des individus siphonnent la cuve où sont stockés les résidus d'huile de friture. Deux Bulgares de 20 et 39 ans, vêtus de chasubles jaunes censées les faire passer pour les employés d'une société de collecte des déchets, sont interpellés en flagrant délit. Jugés en comparution immédiate après leur garde à vue, les hommes avouent qu'ils n'en sont pas à leur coup d'essai.

Depuis le début de l'année, les pillages se sont multipliés en Indre-et-Loire, dont quatre au moins ont été commis par l'équipe de Saint-Pierre-des-Corps. En trois mois, une cinquantaine de méfaits sont recensés par les brigades de gendarmerie d'Indre-et-Loire et d'Eure-et-Loir, rapidement persuadées qu'un seul et même groupe est à la manœuvre.

À la tête de la section de recherches de la gendarmerie d'Orléans, abonnée d'habitude aux affaires de « stups », d'homicides, de braquages, d'extorsions de fonds ou de pédocriminalité, la colonelle Christelle Tarrolle prend d'emblée au sérieux ces vols en série.

« On a tout de suite pensé qu'il y avait derrière tout ça quelque chose de beaucoup plus important[1]. » Une suspicion qui se confirme rapidement. Apparus dans le nord de la France, où le moindre village a sa friterie, les vols d'huiles usagées se reproduisent dans tout le pays. Dans le viseur, des fast-foods, des steakhouses, des kebabs et même des maisons de retraite.

« On a reçu des notes du service central de renseignement de la gendarmerie rapportant des faits sur tout le territoire », confie le directeur d'enquête mis sur le coup par Christelle Tarrolle. L'affaire devient nationale.

Pas de quoi effrayer la colonelle, première femme à diriger une section de recherches. Brune, le regard franc, la quarantaine énergique, la militaire sanglée dans son uniforme a fait ses classes à Toulouse et

1. Entretien avec l'auteur le 12 juillet 2024.

à Montpellier. Après un détour par la Corse et ses voyous, elle atterrit à Grenoble, où elle fait face à une délinquance d'une rare intensité, puis à Tahiti. Dans l'archipel, elle a notamment travaillé sur un trafic de méthamphétamines impliquant les cartels mexicains.

De l'huile de friture au biocarburant

Malgré son expérience, elle est intriguée par cette affaire du gang des huiles de friture. « Au début, nous avons cherché à comprendre le phénomène », dit-elle. Très vite, elle apprend que les quelque 100 000 tonnes d'huiles de cuisson produites bon an mal an en France peuvent servir à confectionner du biocarburant. Une alternative au gazole traditionnel beaucoup plus économique et générant 90 % de CO_2 en moins.

« Au départ, on ne voyait pas l'intérêt de ces vols. En France, le biocarburant ne s'est pas démocratisé. » Certes, de vieilles voitures diesel peuvent rouler à l'huile de friture, mais la pratique est illégale et la demande limitée. Finalement rejeté, un amendement au projet de loi de finances 2023 a bien proposé de légaliser l'huile de friture comme carburant pour éviter qu'elle soit jetée dans les égouts et pollue les canalisations, et pour qu'elle contribue à l'indépendance énergétique et à la baisse les prix à la pompe pour les automobilistes.

Une idée ardemment défendue par Jean-Philippe Puig, le P.-D.G. du puissant groupe agroalimentaire Avril qui produit les huiles Lesieur ou Puget. « Parce qu'elles ont déjà servi, les huiles que l'on récolte dans les arrière-cours des restaurants sont réputées neutres en carbone, écrit-il au printemps 2024 dans un post diffusé sur Linkedin. Les carburants fabriqués avec cette matière première doivent donc être encouragés. » D'autant qu'ils ne font pas concurrence à la production d'huiles alimentaires, comme c'est le cas des biocarburants à base d'huile de colza ou de tournesol.

Retoqué par le Sénat, le projet restera lettre morte. Malgré tout, les huiles usagées se révèlent être un filon prometteur. L'Allemagne, la Suède, l'Espagne ou les Pays-Bas ont autorisé leu incorporation au diesel. Quant aux compagnies aériennes, elles raffolent de ce biocarburant plus vert que le kérosène. Ainsi, en mai 2021, Air France a effectué un premier vol long-courrier Paris-Montréal avec un A350 aux réservoirs remplis d'un carburant à base d'huiles de cuisson usagées. De son côté, Ryanair s'est engagé à remplacer d'ici à 2030 10 % du kérosène de ses avions par du biocarburant issu des résidus de l'industrie agroalimentaire, de déchets de graisses animales et d'huiles de cuisson usagées.

Quand on sait que 10 litres d'huile de friture soigneusement décantée et filtrée peuvent donner, mélangés à du méthanol ou de l'éthanol, 8 litres de biocarburant, on saisit mieux comment le liquide jaune aux reflets noirâtres peut se muer en or. Obligées depuis 2016 de recycler leurs huiles usagées plutôt que de les jeter dans les égouts, des enseignes comme McDonald's ont décidé de les céder moyennant finances à des collecteurs spécialisés.

Sachant qu'un McDo produit en moyenne 500 litres d'huile de friture usagée par semaine et que l'on compte 1 500 de ces fast-foods en France, le liquide visqueux, même vendu quelques centimes du litre, rapporte des millions d'euros par an à l'enseigne. De leur côté, les sociétés de collecte agréées le négocient encore plus cher auprès des fabricants de biocarburants.

Les vols se sont multipliés au moment où « nous étions en pleine crise de l'énergie à cause de la guerre en Ukraine, le tarif des huiles usagées est alors monté jusqu'à 1 200 euros les 1 000 litres », souligne la colonelle Tarrolle. Voilà pourquoi elles suscitent tant de convoitises. Il s'agit maintenant de mettre la main sur les trafiquants et de remonter la filière jusqu'aux donneurs d'ordre.

Un réseau structuré et hiérarchisé

Épaulée par l'Oclaesp, la section de recherches d'Orléans met les bouchées doubles. Les camionnettes des Bulgares, relâchés après leur passage au tribunal, sont mises sous surveillance. Marseille, Lille, Rennes… Leurs déplacements correspondent à la cartographie des vols commis aux quatre coins du pays. Une fois leur cargaison d'huiles usagées en main, ils convergent vers un hangar de la Beauce situé au Gault-Saint-Denis, un bled perdu au nord de Châteaudun.

C'est le point de ralliement, la plaque tournante du trafic. Des planques sont organisées et des caméras infrarouges installées pour surveiller les allées et venues. Le locataire du hangar est identifié : il s'agit d'une société du nord de la France créée par deux Turcs. « La société est immatriculée au registre du commerce mais n'a aucun agrément pour gérer des déchets », note un enquêteur de la section de recherches[2].

Les chefs du réseau se sont adjoint les services d'un homme de main géorgien qui supervise les collecteurs bulgares. Sur place, dans le hangar, deux Afghans sans papiers stockent et surveillent jour et nuit les fûts entreposés. Turcs, Géorgien, Bulgares, Afghans : « On est face à un réseau structuré, hiérarchisé, qui répond parfaitement à la définition de la bande organisée », note la colonelle Tarrolle. En bas de l'échelle, des Afghans sont taillables et corvéables à merci. « Ils dormaient à même le sol dans le hangar. Ils vivaient dans des conditions effroyables, c'était de l'esclavage moderne. »

Les écoutes et les filatures font apparaître des hangars supplémentaires à Bordeaux et à Tourcoing, mais aussi en Allemagne, aux environs de Mannheim et à Sarrebruck. De ces différents sites de stockage, les fûts d'huiles usagées partent en camion, traversent la Belgique et sont déchargés aux Pays-Bas chez un important fabricant de biocarburant.

2. Entretien avec l'auteur le 6 août 2024. Notre interlocuteur a tenu à rester anonyme.

« En cas de contrôle par des motards sur la route vers la Belgique, explique la colonelle Tarrolle, le conducteur du semi-remorque a de faux bons de transport établis au nom de la société des deux Turcs. Le transporteur belge mêlait donc activités légales et illégales, ce qui rend ce genre de fraude toujours difficile à prouver. » Seule solution : prendre tout le monde en flagrant délit, comme dans les affaires de trafic de drogue.

Opération « Tournesol 28 »

Le réseau ayant tissé sa toile au-delà des frontières, les gendarmes font équipe avec la police belge sous l'égide d'Europol. Objectif : « taper » simultanément le gang des huiles usagées en France et en Belgique. En juin 2023, les enquêteurs apprennent qu'un camion doit prendre livraison de 25 tonnes d'huiles dans la Beauce. La veille du chargement, un important dispositif est mis en place pour l'opération baptisée « Tournesol 28 ».

Les grands moyens sont déployés. « Nous avions avec nous des hommes du GIGN parce que l'on ne sait jamais sur qui l'on va tomber », signale la colonelle Tarrolle. Le jour J, l'opération se déroule simultanément en France et en Belgique.

Côté français, dans l'entrepôt de la Beauce, les Afghans se sont évanouis dans la nature mais six individus sont interpellés, dont quatre seront mis en examen pour trafic illégal de déchets en bande organisée.

Les chefs de file sont placés en détention provisoire. Ils risquent jusqu'à sept ans de prison et 150 000 euros d'amende.

En un temps record, le gang turco-bulgare aura amassé une petite fortune. De janvier à avril 2023, le réseau a transféré près de 400 tonnes d'huiles volées de France vers les Pays-Bas et amassé durant cette période plus de 460 000 euros. Au cours des gardes à vue, le profil des membres du gang des huiles de friture se précise. « Ce sont des escrocs chevronnés qui s'adonnent à une criminalité d'opportunité très particulière, proche de la délinquance en col blanc, assure la colonelle Tarrolle. Dans d'autres réseaux, on est multicartes, on passe des stups aux déchets et aux atteintes aux biens. Eux ne font que dans le déchet. »

Et ça rapporte : 5 000 euros par jour ! De confortables revenus que, bizarrement, aucun d'eux n'a cherché à blanchir. Pas de comptes offshore, pas de circuits financiers complexes. « Toutes les transactions s'effectuaient en liquide, indique avec étonnement le directeur d'enquête. Une fois, on a filé un Turc jusqu'en Allemagne. Il suivait en voiture un camion chargé d'huiles avec 10 000 euros en cash sur lui pour payer les convoyeurs. »

Plus surprenant, aucune trace de virements bancaires entre le fabricant néerlandais de biocarburant et la société des Turcs. « Là encore, tout se passe en liquide, alors qu'il s'agit d'une grosse entreprise de raffinage qui a des contrats avec TotalEnergies ou Exxon. Les huiles usagées, légales ou pas, sont mélangées dans les mêmes réservoirs. »

À l'évidence, l'entreprise hollandaise fermait les yeux sur l'origine frauduleuse des livraisons effectuées par le gang turco-bulgare. « Dans les pays où le biocarburant est très développé, souligne Christelle Tarrolle, la mise en place de ce réseau parallèle a causé un énorme préjudice à la filière chargée de récolter et de valoriser ce produit. »

Sans compter les dégâts sur l'environnement, puisque les malfaiteurs manipulaient sans aucune précaution des fûts d'huiles usagées extrêmement polluantes. Les infiltrations d'huiles entreposées dans le hangar de la Beauce risquent de contaminer gravement les sols et les nappes phréatiques. « Lorsque l'on a perquisitionné, ça suintait l'huile partout, c'était vraiment dégueulasse, confirme un enquêteur de l'équipe de Christelle Tarrolle[3]. Un temps, la question de la dépollution du site s'est posée, mais le hangar a été restitué à son propriétaire et rien n'a été fait. »

Un mois presque jour pour jour après l'opération « Tournesol 28 » et le démantèlement de ce trafic international entre la France, l'Allemagne et les Pays-Bas, un autre réseau de contrebande d'huiles usagées est tombé en Seine-et-Marne. Les gendarmes ont interpellé trois individus, dont un Bulgare, mis en examen pour trafic

3. *Ibid.*

de déchets, recel et blanchiment aggravé. Aucun lien avec le réseau du Centre-Val-de-Loire.

« Ils avaient de la concurrence », précise la colonelle Tarrolle en souriant. Le mode opératoire est identique : des « collecteurs » pompent l'huile puis l'acheminent vers un dépôt d'où elle est expédiée à des fabricants espagnols ou belges de biocarburant. À un mois d'écart, deux des plus gros réseaux de trafiquants auront donc été mis hors d'état de nuire.

Mais le recul des trafics observé après l'opération « Tournesol 28 » n'est pas seulement dû au succès des gendarmes ; il s'explique aussi par la chute des prix du gazole, qui a rendu l'huile de friture usagée moins attractive pour les malfrats.

« Lorsque les cours du pétrole baissent, la demande de biocarburants et donc d'huiles de friture usagées diminue, explique le bras droit de la colonelle Tarrolle. À l'inverse, si le prix du pétrole augmente, la demande de biocarburant repart à la hausse et les trafics reprennent. » Fluctuant avec les cours du brut, la contrebande d'huiles de friture n'est de toute façon que la face émergée de l'iceberg.

Derrière les huiles usagées, une fraude planétaire à l'huile de palme

Alors que l'Europe manque cruellement d'huiles de friture pour répondre à la demande, puisqu'elle en consomme huit fois plus que ce qu'elle peut en récolter sur son sol, la vogue des biocarburants a ouvert la porte à une autre fraude aux dimensions planétaires. Elle a pris naissance en 2018, lorsque l'Union européenne a banni l'huile de palme de la composition du biodiesel. L'interdiction est entrée en vigueur dès 2020 en France.

Vertueuse sur le papier, la mesure a tiré vers le haut les prix des huiles de friture, importées à 80 % d'Asie. Pour profiter de l'envolée des cours, la Malaisie et la Chine ont contourné la réglementation européenne et exporté à bon prix vers l'Europe de l'huile de palme maquillée en huile de friture usagée dans des documents de transport falsifiés. « Les huiles usagées sont le faux nez de l'huile de palme et le vrai visage de la fraude », s'est offusqué Jean-Philippe Puig sur LinkedIn.

Un jeu de dupes sur lequel s'est penchée l'ONG Transport et Environnement (T & E)[4]. La Malaisie exporte trois fois plus d'huile de cuisson qu'elle n'en collecte, ce qui « prouve avec quasi-certitude qu'il existe une fraude à grande échelle. La Malaisie étant l'un des plus grands producteurs d'huile de palme, tout laisse à penser qu'une grande partie de la prétendue huile de cuisson usagée qu'elle exporte est en réalité de l'huile de palme[5] ».

Les mêmes soupçons pèsent sur la Chine et la fraude perdurera tant que l'Europe n'aura pas exclu

4. Stratas Advisors for T & E, "UCO Imports: Unfair Competition with EU Uco Industry?", rapport, 11 juin 2024.
5. https://urlz.fr/tHAQ

les huiles de friture importées de la composition de ses biocarburants. C'est la seule manière de les empêcher de servir de paravent à la fraude sur le commerce mondial d'huile de palme dont la production est l'une des grandes causes de la déforestation. Un phénomène indissociable, en Asie, en Afrique, en Amérique latine mais aussi en France, des exactions commises par les groupes criminels qui s'en prennent aux poumons verts de la planète.

CHAPITRE 8

LE MARCHÉ NOIR DE L'OR VERT

C'est un véritable massacre à la tronçonneuse. Le scénario est toujours le même. Débarqué de nulle part au petit matin, un commando de bûcherons abat des dizaines d'arbres dans la force de l'âge avant de les charger à bord de semi-remorques et de disparaître aussi vite qu'il est venu, ne laissant derrière lui qu'un bois atrocement mutilé. Depuis quelques années, ces raids éclair sont de plus en plus fréquents dans l'Hexagone.

Situé à 80 kilomètres à l'ouest de Paris, niché au creux d'une vallée entourée de collines boisées, le petit bourg de Septeuil dans les Yvelines a été victime en 2022 de l'une de ces coupes illégales. Sur une trentaine d'hectares de bois classés, 256 chênes centenaires ont été tronçonnés par ordre d'un marchand de bois de la ville voisine de Limay. Il a été condamné deux ans plus tard à 6 000 euros d'amende par le tribunal de Versailles.

C'est une peine dérisoire au regard du préjudice financier subi par les propriétaires des forêts dévastées et des dégâts causés aux écosystèmes par l'abattage de ces arbres de haute futaie. En principe, pourtant, le Code de l'environnement réprime de trois ans de prison et 150 000 euros l'atteinte à une espèce protégée. De telles peines ne sont jamais prononcées, le jeu en vaut donc la chandelle.

En effet, « pour préserver ses forêts, la Chine a mis en place en 2017 un moratoire sur l'abattage de ses propres arbres ; elle s'approvisionne donc massivement à l'étranger, légalement ou non. Cela a créé un très gros appel d'air », explique Philippe Heurtevent, président de l'association Sauvons les Yvelines.

De fait, dans le cas du marchand de bois de Limay, les troncs ont été exportés à 10 000 kilomètres de là vers des usines d'ameublement chinoises via le port d'Anvers, et l'enquête des gendarmes a montré que le commerçant avait touché environ 100 000 euros sur des comptes domiciliés en Turquie.

« La peine qui lui a été infligée est loin d'être suffisante et le tribunal a refusé de prendre en compte le préjudice écologique[1] », s'indigne Philippe Heurtevent. Infatigable défenseur de la nature, le septuagénaire, cofondateur du collectif L'appel des forêts d'Île-de-France, est aux premières loges pour constater les ravages de la déforestation illégale. « Nous avons créé les sentinelles de l'environnement. Ce sont des bénévoles qui se promènent en forêt pour signaler les vols de bois.

1. Entretien avec l'auteur le 28 septembre 2024.

Nous recevons au moins une alerte par jour. » Dans un département qui abrite des forêts magnifiques héritées des anciennes chasses royales, comme Versailles, Rambouillet ou Marly, « nous voyons se multiplier à une vitesse folle les vols de chênes de grande valeur, c'est un vrai carnage[2] », déclare Virginie Meurisse, présidente de l'association de sauvegarde des sites naturels des Yvelines Sauvons la Tournelle.

Tronçonnage sauvage des forêts françaises

« Sous prétexte de coupes sanitaires ou de régénération, des forestiers font main basse sur des arbres en parfaite santé, témoigne-t-elle. L'un d'entre eux a donné 1 000 euros à une vieille dame propriétaire d'une parcelle puis il a coupé pour 30 000 euros de chênes. À Grosrouvre, un autre, mandaté pour entretenir le bois, est revenu un week-end abattre 96 chênes centenaires de la forêt de Rambouillet. »

L'homme a été condamné, fin 2022, à 7 000 euros d'amende. Là encore, la peine paraît légère, même si elle est assortie d'une obligation de replantation. « Il faut arrêter ce massacre, mais il n'y a plus de gardes forestiers, personne ne contrôle l'application des sanctions et l'État ne fait rien », précise la militante associative. Dans les Yvelines, la gendarmerie a pris l'affaire au sérieux et mis sur pied un groupe d'enquête contre

2. Entretien avec l'auteur le 30 septembre 2024.

cette nouvelle forme d'écodélinquance qui a tissé sa toile sur tout le territoire.

Accroché aux flancs de la haute vallée de l'Ariège, à deux pas de la frontière avec l'Andorre, le village pyrénéen de Perles-et-Castelet est encore traumatisé par le tronçonnage sauvage subi au cours de l'hiver 2020-2021 de 400 chênes, frênes et épicéas qui couvraient les montagnes. Le coupable, un forestier espagnol, a été condamné par le tribunal de Foix à verser 4 000 euros à chacun des propriétaires, désespérés par ce que l'un d'eux appellera « une catastrophe écologique et sentimentale ».

Autre illustration : dans l'Est de la France, entre Noël 2023 et l'été 2024, 4 hectares de forêts privées, l'équivalent de l'esplanade des Invalides, ont été rasés dans la Meuse par des malfaiteurs qui avaient déjà sévi en Moselle. Le bois volé a été vendu à une scierie de la région sur la foi de faux documents. À l'automne 2024, dans le même département, une centaine de chênes étaient abattus et dérobés dans la forêt de Louppy-le-Château. Les propriétaires meusiens des parcelles pillées soupçonnent les méfaits d'une bande venue spécialement de la région parisienne, un réseau organisé avec des relais sur place qui sélectionnent à l'avance les plus belles essences. « On a affaire à des réseaux mafieux, soutient Philippe Heurtevent. Voler du bois, ça rapporte plus que la drogue. »

Pays-roi du chêne, arbre planté en nombre sous François Ier pour la construction de la flotte royale, la France est particulièrement visée. Le siphonnage de nos forêts menacerait à terme 200 000 emplois dans les scieries, les menuiseries, les ateliers de charpenterie, les magasins de bricolage, d'ameublement, etc. Selon la Fédération nationale du bois, qui a fait les comptes, « 25 à 30 % du chêne récolté en France part à l'étranger pour y être transformé. En dix ans, les exportations de grumes de chênes ont été multipliées par dix[3] ».

La Chine a fait flamber les prix

Décidée à payer le prix fort pour remplir de bois ses conteneurs, la Chine a fait flamber les tarifs. « Les prix peuvent monter à 600 euros le mètre cube et les Chinois sont prêts à payer plus cher pour un chêne d'une qualité exceptionnelle[4] », indique Louis Vallin, vice-président de l'association Arbres, qui œuvre à la préservation des espèces remarquables.

À ce tarif, « les scieries françaises ne peuvent pas suivre et les acheteurs chinois remportent le plus souvent la mise, enchaîne Philippe Heurtevent. C'est un désastre économique doublé d'un scandale écologique, puisque les chênes coupés chez nous reviennent en France sous forme de meubles et de parquet après avoir parcouru des milliers de kilomètres ».

3. Extrait dossier de presse de la Fédération nationale du bois du 14 février 2018.

4. Entretien avec l'auteur le 1er octobre 2024.

L'appétit vorace des Chinois alimente aussi un trafic illégal orchestré par des traders venus de Pékin ou de Hong Kong. Dans une enquête publiée en 2023, le site Disclose a dévoilé comment des négociants chinois ont détourné, via des sociétés-écrans, le système réglementé de l'Office national des forêts par lequel passe la moitié des ventes de chênes[5]. Réservés en théorie aux opérateurs français et européens bénéficiant du « label UE », des milliers de mètres cubes extraits de forêts domaniales ont été frauduleusement expédiés vers la Chine.

Les rafles chinoises de chênes français ne sont que l'une des facettes du marché noir de l'or vert, une contrebande aux dimensions planétaires. Elle représenterait entre 15 et 30 % de la totalité du bois commercialisé dans le monde et un revenu annuel astronomique de 51 à 152 milliards de dollars[6], à comparer aux 250 milliards empochés chaque année par les narcotrafiquants à l'échelle du globe[7].

Synonyme de pillage des ressources naturelles des pays pauvres et de dévastation des poumons verts de la planète, la criminalité forestière détruit la biodiversité et menace l'existence des communautés qui dépendent des forêts pour vivre. « Le défrichage illégal, souligne

5. https://urlz.fr/tHBu

6. Interpol, Centre norvégien d'analyses mondiales et Initiative mondiale contre le crime organisé transnational, « Atlas mondial des flux illicites », rapport, 2018.

7. Office des Nations unies contre la drogue et le crime (ONUDC).

Interpol, peut entraîner des glissements de terrain et empêcher les communautés qui dépendent des forêts d'avoir accès à l'alimentation, aux médicaments et aux combustibles[8]. »

De l'Amazonie au bassin du Congo en passant par les rives du Mékong, 50 à 90 % du bois abattu dans les pays tropicaux serait devenu l'une des sources de revenus privilégiées de groupes criminels aux méthodes expéditives[9]. Dans la déforestation illégale, « les hélicoptères et les armes automatiques ont remplacé les camions et les fusils », avait alerté Yuri Fedotov en prenant en 2010 la tête de l'Office des Nations unies contre la drogue et le crime (ONUDC), qu'il a dirigé pendant une décennie.

Les trafics financent aussi les réseaux terroristes, comme les redoutables chebabs somaliens, ou les groupes armés qui sèment la terreur au Mozambique et dans la région des Grands Lacs d'Afrique de l'Est. Ce panorama apocalyptique est largement documenté dans les rapports des agences de l'ONU et des organismes de coopération policière internationale.

Dans une enquête publiée sur le sujet, le Programme des Nations unies pour l'environnement (PNUE) et Interpol ont brossé un tableau édifiant de cette criminalité forestière : abattage sans permis, piratage des

8. https://www.interpol.int/fr/Infractions/Criminalite-environnementale/Criminalite-forestiere

9. « Atlas mondial des flux illicites », *op. cit.*

sites officiels délivrant les permis, pots-de-vin aux policiers et aux militaires, incendies ou défrichage sauvage pour laisser place aux plantations de soja, d'huile de palme, d'hévéa, d'arbre à caoutchouc, voire de coca, la plante servant de base à la confection de la cocaïne[10]… L'arsenal s'accompagne parfois « de meurtres, de violences, de menaces et d'atrocités à l'encontre des populations des forêts ».

Logiquement, « les trafics se concentrent sur les espèces les plus rentables, comme l'ipé d'Amérique latine, le wenge d'Afrique, les mahogany d'Asie ou le bois de santal d'Indonésie[11] », précise Alain Karsenty, économiste au Cirad[12], expert auprès de la Banque mondiale et de l'Union européenne. « Les groupes criminels ont investi ce trafic qui dégage de gros bénéfices avec de faibles quantités d'arbres. »

Le très convoité bois de rose de Madagascar

Trésor des forêts millénaires de l'île, le palissandre ou bois de rose de Madagascar se classe parmi les essences les plus convoitées. Bien qu'interdit à l'exportation en 2010 et protégé depuis 2016 par un embargo

10. PNUE, Interpol, « Carbone vert, marché noir. Exploitation illégale, fraude fiscale et blanchiment dans les forêts tropicales du monde », rapport, 2012.

11. Entretien avec l'auteur le 26 mai 2024.

12. Le Cirad est le Centre de coopération internationale en recherche agronomique pour le développement.

international, « il donne lieu à un commerce illégal organisé par les trafiquants locaux en liaison avec les mafias chinoises, affirme Alain Karsenty. L'un de nos chercheurs a renoncé à travailler sur ce sujet, c'était trop dangereux ».

Accusées de laxisme, soupçonnées de corruption, les autorités malgaches tentent en vain depuis des années d'enrayer le juteux trafic du « bolabola », dont des centaines de milliers d'arbres ont été coupés dans les parcs naturels de l'île. Surnommé « l'ivoire de la forêt », il s'achète entre 20 et 35 dollars la tonne sur place mais se négocie 1 000 fois plus cher auprès des grossistes chinois de Shanghai ou de Hang Zhou, qui approvisionnent l'industrie asiatique du meuble et de la marqueterie de luxe[13]. Les trafiquants malgaches blanchissent une partie de leurs profits dans les plantations de vanille, l'autre richesse de l'île.

Appelé « Kosso » en Afrique de l'Ouest, le bois de rose est aussi massivement dérobé au Nigeria, en Guinée-Bissau, au Ghana ou au Mali. « Il est le produit sauvage faisant l'objet du trafic le plus important au monde[14] », dépassant en valeur la contrebande réunie de l'ivoire, des pangolins, des ailerons de requins, des fourrures et des griffes de fauves selon l'Agence d'investigation environnementale (EIA),

13. ONG Traffic, « L'Île aux bois, commerce de bois de rose et de bois d'ébène de Madagascar », rapport, décembre 2016.

14. Communiqué de l'EIA du 31 mars 2022.

une ONG de défense de la vie sauvage cofondée par Allan Thornton, ancien responsable de Greenpeace en Grande-Bretagne.

Le bassin du Congo, haut lieu de la déforestation illégale

Abritant la plus grande forêt humide du monde après l'Amazonie, le bassin du Congo, refuge des bonobos et des gorilles des montagnes, reste le haut lieu en Afrique de la déforestation illégale. « Au moins 50 % du bois exporté du bassin du Congo est illégal[15] », confirme Caroline Duhesme, membre de la direction de l'Association technique internationale des bois tropicaux (ATIBT), groupement professionnel qui défend une exploitation forestière durable et éthique.

Épicentre de ce trafic, la République démocratique du Congo (RDC) est dans le collimateur des ONG. À partir de missions d'observateurs indépendants, l'association britannique Global Witness, spécialisée dans la lutte contre le pillage des ressources naturelles des pays en développement, a révélé des « illégalités généralisées » dans les concessions forestières[16]. Avec l'aval de fonctionnaires corrompus, ces concessions « procèdent au pillage des forêts congolaises pour

15. Entretien avec l'auteur le 7 juin 2024.

16. Site de Global Witness, « L'impunité exportée », rapport, juin 2015.

exporter des quantités considérables de bois vers les marchés internationaux ».

Dans les grandes concessions forestières protégées par des milices armées, la violence est omniprésente. Des groupes formés d'anciens soldats, de guérilleros locaux, voire de mercenaires étrangers, quadrillent le terrain. Selon une enquête du groupe de journalistes d'investigation European Investigative Collaborations (EIC), une société en lien avec la milice russe Wagner, aujourd'hui contrôlée par le Kremlin après l'assassinat en 2023 de son chef Evgueni Prigojine, exploite en République centrafricaine une parcelle de 1 870 km^2, soit la moitié du Vaucluse.

Sur un territoire où règne la loi du plus fort, « dans plusieurs cas, rapporte Global Witness, les exploitants forestiers ont été accusés de complicité dans les atteintes aux droits humains perpétrées à l'encontre des communautés, dont des passages à tabac et des viols ». La faiblesse des contrôles gouvernementaux et l'immensité de la forêt congolaise « font que les atteintes signalées ne constituent probablement que la partie visible de l'iceberg ».

Le Centre d'études stratégiques de l'Afrique, un organisme du département américain de la Défense[17], a calculé que chaque année, le commerce illégal de teck,

17. Centre d'études stratégiques de l'Afrique, C. Browne *et al.*, « L'exploitation forestière illégale en Afrique et ses implications en matière de sécurité », rapport, août 2022.

de séquoia ou d'acajou destiné à fournir l'Asie, l'Europe ou les États-Unis en terrasses, escaliers et meubles, ferait perdre 17 milliards de dollars à l'Afrique. Un dommage colossal, équivalent à deux années de revenus touristiques du Maroc ou à cinq fois le budget national du Sénégal.

Le Brésil en première ligne

Frappée elle aussi de plein fouet par ce fléau, l'Amérique latine concentre, sur les terres baignées par l'Amazone, un tiers des forêts tropicales de la planète et 10 % de la biodiversité mondiale. Plus grand pays hôte du bassin amazonien, avec sa mosaïque de forêts, de mangroves et de marécages qui s'étendent sur une superficie grande comme l'Europe, le Brésil est en première ligne sur le front de la déforestation illégale.

Un arbre en particulier est dans le viseur des trafiquants : l'ipé. Reconnaissable à ses exubérantes fleurs colorées, il a des propriétés qui font de lui une des essences les plus recherchées : imputrescible, résistant aux insectes, aux champignons et à l'humidité, il est idéal pour la construction de terrasses extérieures, de charpentes, d'escaliers, de meubles… « Exporté en bois de sciage, il peut atteindre 1 500 dollars le mètre cube », indique Alain Karsenty.

La valeur de l'ipé met en danger la forêt amazonienne car il n'en pousse que quelques exemplaires par hectare. « C'est l'un des motifs de la déforestation, explique

Laura Monnier, avocate de Greenpeace de 2015 à 2024. Comme l'ipé est rare, il oblige les forestiers à s'enfoncer de plus en plus profondément dans la forêt et à couper des arbres pour construire des routes d'accès[18]. »

Dans les États brésiliens du Para et du Mata Grosso, la fraude serait généralisée. Greenpeace a mené plusieurs enquêtes sur place depuis son bureau de Manaus. Sur les bords du río Negro, la troisième ville du pays est l'une des principales portes d'accès à l'Amazonie, où il peut se révéler périlleux d'aller voir de trop près la façon dont travaillent les grands concessionnaires forestiers.

« Les enquêteurs de Greenpeace ne peuvent aller sur le terrain qu'accompagnés d'agents de l'Ibama, l'agence fédérale de l'environnement du Brésil. Les convois se font en véhicules blindés avec des hommes en armes équipés de gilets pare-balles », témoigne Laura Monnier.

En collaboration avec l'université de São Paulo et l'Ibama, Greenpeace a passé au crible les permis délivrés par les autorités locales du Para pour les forêts où pousse l'ipé. Publié en 2018, le résultat de leurs travaux a mis en évidence un détournement généralisé des plans d'aménagement forestier durables et une falsification à grande échelle des inventaires forestiers afin de gonfler artificiellement le nombre d'ipés à abattre.

18. Entretien avec l'auteur le 22 mai 2024.

Dans les États du Para et du Mato Grosso, principaux producteurs de bois précieux, des ingénieurs forestiers corrompus identifient des arbres ordinaires comme essences précieuses, surestimant ainsi le nombre de ceux qui peuvent être abattus sans nuire à la préservation de l'espèce. Avec la complicité des autorités locales, ils génèrent de faux crédits forestiers servant à exploiter illégalement des pans entiers de forêt, « notamment sur les terres des peuples autochtones et dans des aires protégées[19] ».

Ensuite, le bois exotique brésilien est exporté sur la foi d'un document censé, en théorie, garantir son origine et sa traçabilité. Mais « étant donné que nombre d'entre eux sont édités sur la base d'inventaires forestiers frauduleux [...], il est impossible de garantir que le bois issu de l'Amazonie brésilienne est exploité dans le cadre d'activités légales sans violations des droits humains ou de la législation environnementale », conclut l'ONG.

Deux sociétés françaises en justice

Parmi les importateurs de bois d'ipé récolté frauduleusement, « la France se classe deuxième derrière les États-Unis », dénonce Greenpeace. En plus de 37 entreprises américaines, portugaises ou néerlandaises pointées du doigt, 4 sociétés françaises sont épinglées,

19. Greenpeace, "Imaginary Trees, Real destruction", rapport, 2018.

dont ISB France et les établissements Robert & Cie, une scierie de l'Indre active dans le négoce de bois tropicaux en provenance du Brésil.

Les deux entreprises ont été visées par une plainte de l'organisation écologique. « Nous avions identifié en France une quinzaine d'entreprises qui faisaient de l'importation de bois illégal, explique Laura Monnier. Nous avons ciblé ISB, le plus gros importateur, et les établissements Robert, parce que, en plus d'avoir importé du bois d'une parcelle protégée, nous avions la preuve que les intermédiaires utilisés avaient déjà été condamnés. »

Le procès contre ISB France, fournisseur de Leroy Merlin ou de Castorama, s'est conclu en septembre 2023 par une amende de 100 000 euros contre le groupe, accusé d'avoir enfreint le règlement bois de l'Union européenne (RBUE). Ce dernier oblige depuis 2013 les importateurs à un devoir de vigilance, dit de « diligence raisonnée », afin d'évaluer et de réduire les risques de mettre sur le marché du bois illégal.

La scierie Robert & Cie a écopé pour sa part de 20 000 euros d'amende en première instance à Châteauroux. À Bourges, la peine a été confirmée en appel en juin 2024, envoyant selon les associations écologistes « un message fort » aux importateurs de produits de la déforestation illégale.

Cette victoire judiciaire de Greenpeace, soutenu par France nature environnement et l'association Canopée, a laissé un goût amer aux professionnels. « Il s'agit d'un jugement politique, déplore Arnaud Hétroit, directeur de l'association Le Commerce du bois (LCB) qui regroupe importateurs, négociants et industriels. On a fait le procès des grands importateurs et du Brésil de Bolsonaro, qui avait assumé de poursuivre la déforestation à son arrivée au pouvoir[20]. »

Les entreprises poursuivies en justice ont eu selon lui « le sentiment de ne pas avoir été entendues, d'avoir été condamnées par avance alors qu'elles sont parmi les plus vertueuses. On leur a reproché de ne pas être allées sur place vérifier la légalité du bois, mais ce n'est pas le rôle d'un importateur de se rendre sur le terrain compter les arbres. En France, nous sommes précurseurs dans la gestion durable des forêts, on ne va pas scier la branche sur laquelle notre profession est assise ».

Les condamnations d'ISB France et de Robert et Cie nourrissent cependant le soupçon et les inquiétudes des consommateurs. En France, troisième importateur européen de bois tropical, comment garantir aux clients que leurs meubles ne sont pas issus de bois exotiques produits et importés illégalement ?

Par manque de moyens de surveillance, « le règlement bois de l'Union européenne n'a pas eu un énorme impact », admet Caroline Duhesme. Pire, confie-t-elle, « si ce règlement a permis de sensibiliser une partie de la profession, il a surtout créé beaucoup de concurrence déloyale de la part d'opérateurs qui, compte tenu du

20. Entretien avec l'auteur le 29 mai 2024.

faible nombre de contrôles, ont importé moins cher du bois dont ils savaient très bien qu'il était illégal ».

Le casse-tête du règlement « zéro déforestation »

Même scepticisme sur le nouveau règlement européen « zéro déforestation » adopté en mai 2023. Ambitieux, le dispositif vise à barrer la route du marché européen à sept produits dès lors qu'ils contribuent à la déforestation : le bois, le bœuf, l'huile de palme, le soja, le café, le cacao et le caoutchouc.

Avec ce nouveau règlement, les opérateurs européens devront déclarer de quelles parcelles sont originaires les produits afin de prouver qu'ils ne proviennent pas de forêts en proie à la déforestation. Problème : « Comme pour les gouttes de soja utilisées dans une huile de table ou un rouge à lèvres, il n'est pas possible de dire de quelle parcelle proviennent précisément les fibres de bois composant une feuille de papier, estime Caroline Duhesme. Une traçabilité stricte est impossible. »

Pour contourner l'obstacle, l'Europe réclamera la géolocalisation de l'ensemble des parcelles de la zone où le bois a été coupé. « Une menuiserie approvisionnant Leroy Merlin devra transmettre pour chaque lot de fenêtres des dizaines de coordonnées GPS, l'opération devra être renouvelée à chaque étape de la chaîne d'approvisionnement, de l'importation à la mise sur le marché, et ce pour tous les opérateurs de la filière en Europe.

Gérer une telle masse de données sera une énorme usine à gaz, prédit Caroline Duhesme. On a fait un test, le système d'information de la Commission européenne sorti tout droit des années 1990 a planté. » Signe de la complexité de l'opération, l'interconnexion entre la base de données de la Commission européenne et celles des douanes de chacun des vingt-huit pays membres ne serait pas opérationnelle avant 2027.

Dernière difficulté, le nouveau règlement a prévu de moduler le niveau des contrôles en fonction des risques de déforestation par pays. Toutefois, l'établissement de la liste rouge des pays exportateurs virant au casse-tête diplomatique, sa publication a été reportée à 2026.

Attaquée de toutes parts, lâchée en pleine crise agricole par plusieurs pays de l'UE, la Commission de Bruxelles a proposé en octobre 2024 de repousser d'un an la mise en œuvre du règlement sur la déforestation importée. Il ne devrait pas entrer en vigueur avant 2026.

Un délai de grâce pour les professionnels qui, plutôt que l'alourdissement de la réglementation, privilégient la certification comme instrument de gestion durable des forêts. Créés dans la foulée du sommet de Rio à l'initiative du WWF et de Greenpeace, les labels de type FSC[21], le plus répandu, « sont des outils efficaces de lutte contre la déforestation et le commerce illégal[22] »,

21. Forest Stewardship Council.
22. Entretien avec l'auteur le 29 mai 2024.

explique Alessandra Negri en charge des enjeux sociaux et environnementaux au sein de LCB.

Bonne élève de la classe, Adeo, maison mère de Leroy Merlin, encourage depuis 2019 ses fournisseurs à utiliser du bois certifié. « Les fournisseurs et leurs propres fournisseurs doivent détenir des preuves que, de la matière première au produit fini, leur filière bois est responsable », assure un porte-parole d'Adeo[23]. S'ils s'approvisionnent dans un pays jugé à risque, ils doivent procéder à des « vérifications complémentaires opérées par un tiers indépendant, expert en filière bois, reconnu par les autorités européennes ».

De son côté, l'association professionnelle Le Commerce du bois exige depuis 2015 de tous ses adhérents qu'ils se plient à une méthodologie rigoureuse d'identification et de réduction des risques de trafic illégal. « Aujourd'hui, nous leur demandons par exemple d'être très vigilants sur le bouleau de Russie qui entre en Europe via la Turquie, ou sur le contreplaqué chinois fabriqué à partir de bois tropicaux. Pour nous, il est exclu par ailleurs d'acheter du bois de Birmanie qui finance l'achat d'armes », dit Alessandra Negri.

Le discours ne convainc pas cet expert de l'UICN. « Souvenez-vous du scandale du Rana Plaza, au Bangladesh, quand on avait découvert des étiquettes des marques Benetton, Carrefour ou Auchan dans les décombres de l'immeuble vétuste abritant à Dacca des

23. Entretien avec l'auteur par e-mail le 13 juin 2024.

ateliers de confection. C'est pareil dans ce cas. Je ne suis pas sûr que l'on puisse garantir l'origine du bois que l'on trouve dans les magasins de bricolage et les jardineries en France[24]. »

Le comité permanent de la Cites veut donc aller beaucoup loin. Après avoir rangé l'ipé et le cumaru d'Amérique latine, l'acajou, le doussié et le padouk africains dans la liste des espèces dont le commerce est sévèrement réglementé, il envisage de faire de même pour trois autres bois rouges d'Afrique parmi les plus vendus, le sapelli, l'okoumé et le wenge.

Un remède radical contre le trafic illégal de bois exotiques ? « Il y a une volonté de mettre la forêt tropicale sous cloche alors que l'exploitation forestière n'est pas la cause principale de la déforestation. Celle-ci est due pour 90 % à la transformation des forêts en terres agricoles, riposte Arnaud Hétroit, qui fustige une fausse solution. Si les consommateurs américains et européens se détournent du bois tropical, les pays producteurs risquent d'amplifier la déforestation pour produire plus de soja et de bœuf. »

Pour écouler leurs bois exotiques, le Brésil, le Cameroun ou la République du Congo pourraient aussi se tourner vers d'autres acheteurs comme les Chinois, moins regardants sur les pratiques de déforestation illégale. C'est le paradoxe pointé par Alain Karsenty,

---

24. Entretien avec l'auteur le 2 avril 2024. Notre interlocuteur a souhaité conserver l'anonymat.

l'expert de la Banque mondiale. « Sous la pression des ONG environnementales, d'autres essences tropicales vont être inscrites sur la liste les espèces protégées et il y aura encore plus de trafic illégal. »

Alors comment enrayer le marché noir de l'or vert ? Une chose est certaine : la déforestation met en péril des puits naturels de carbone qui sont nos alliés les plus précieux dans la lutte contre le réchauffement climatique. Elle inflige de terribles dégâts aux écosystèmes des forêts tropicales massacrées par les tronçonneuses et, plus récemment, par les épandages illégaux de pesticides. Au Brésil, des traces d'acide carboxylique 2,4-D ont été retrouvées, un puissant défoliant plus connu sous le nom d'« agent orange » et utilisé durant la guerre du Vietnam. On a aussi détecté du carbosulfan et du glyphosate, l'herbicide le plus vendu au monde.

Loin de l'Amazonie, en France, le produit phare de Bayer-Monsanto est au cœur de plusieurs affaires d'importation illégale et de contrefaçon.

CHAPITRE 9

L'INTERNATIONALE DES ESCROCS DU « PHYTO »

Le glyphosate empoisonne le débat public depuis des années. Breveté en 1974 par Monsanto avant d'être classé « cancérigène probable » quarante ans plus tard par le Centre international de recherche sur le cancer de l'OMS, il symbolise à lui seul l'addiction de l'agriculture intensive aux pesticides chimiques. Objet de controverses scientifiques sur sa dangerosité et d'âpres batailles de lobbies, il est aussi au cœur d'affaires judiciaires impliquant un réseau international d'escrocs qui a sévi en France pendant plusieurs années.

La première fois qu'ils font parler d'eux remonte à 2007 lorsque des maraîchers du sud et de l'ouest de la France signalent un fongicide de la firme allemande BASF à l'allure suspecte et au prix anormalement bas. Et pour cause : le produit d'origine a été contrefait. Très vite, les enquêteurs remontent la filière dirigée par un homme d'affaires allemand installé sur les bords du lac de Constance, un certain Michael Merath.

Décrit lors de son procès par un témoin comme un « aventurier, un peu rock-and-roll », le cinquantenaire, défavorablement connu, comme on dit, des services de police outre-Rhin pour des faits d'escroquerie, est aux commandes d'une petite multinationale de la fraude au « phyto ». La bande de Merath est composé de professionnels reconnus, distants entre eux de centaines, voire de milliers de kilomètres mais liés par un puissant appât du gain.

Le premier complice s'appelle Alain Goubel. Ce chimiste réputé dans le petit milieu des produits phytosanitaires a remplacé le fongicide peu nocif de BASF par un insecticide « d'une toxicité aiguë pour les utilisateurs », selon l'analyse des autorités sanitaires. Venues de Chine et d'Inde, les substances actives lui sont fournies par Robert Maingard. Magnat sud-africain de la chimie, le vénérable octogénaire est propriétaire à Monte-Carlo d'une société dirigée par Aristide Coco.

Français d'origine napolitaine, lui se charge d'importer en France les produits reconditionnés et réétiquetés en République tchèque par Merath. Il ne reste plus qu'à les distribuer aux agriculteurs. C'est le rôle qui revient à Alain Bandrier, une figure de l'industrie phytosanitaire à la tête d'une société basée à Paris qui sert de vitrine légale à la fraude.

Au cœur de l'escroquerie, Alain Bandrier joue un rôle crucial. Apparemment au-dessus de tout soupçon, ce cadre de l'Union des industries de la protection des plantes (UIPP), qui regroupe les fabricants de pesticides, apporte sa caution et son carnet d'adresses d'expert reconnu du secteur. Surtout, il décroche auprès de l'Agence française de sécurité sanitaire des aliments (Afssa) les précieuses autorisations de mise sur le marché de produits prétendument importés légalement d'Angleterre mais en réalité fabriqués frauduleusement dans le laboratoire d'Alain Goubel.

Les failles de la réglementation européenne

L'arnaque s'est engouffrée dans les failles de la réglementation européenne. Pour bien comprendre la mécanique de la fraude, il faut s'arrêter sur les règles complexes qui encadrent les échanges de pesticides au sein de l'Union européenne.

« Si les marchandises circulent librement en Europe, c'est plus compliqué pour les produits phytopharmaceutiques, explique Jean-Blaise Davaine le numéro 2 de la Brigade nationale d'enquêtes vétérinaires et phytosanitaires (BNEVP). Les substances chimiques qui les composent sont évaluées au niveau européen mais les autorisations de mise sur le marché demeurent une prérogative de chaque pays membre. Un produit peut donc être autorisé à la vente en Allemagne et pas en France[1]. »

Afin de limiter les distorsions de concurrence au sein de l'UE, il a été décidé de mettre en place un système dit « de commerce parallèle ». L'idée est de faciliter

1. Entretien avec l'auteur le 14 juin 2024.

les échanges de produits déjà autorisés dans un État membre d'un bout à l'autre de l'Europe. Pour cela, il faut que l'étiquette d'origine soit visible pour assurer la traçabilité du produit et que sa composition chimique n'ait pas été modifiée.

« On ne lâche pas les vannes mais on ouvre un peu les robinets, résume Jean-Blaise Davaine. Le problème est que des malfaiteurs en ont profité pour introduire en France des produits interdits. » Car une fois que l'escroc a obtenu un permis pour un pesticide étranger, rien de plus facile que d'importer, sous couvert de commerce parallèle, un autre pesticide contenant des molécules moins chères, prohibées en France. C'est exactement la combine employée par Merath et consorts.

« Il nous est arrivé de saisir des fongicides utilisés pour traiter les arbres fruitiers qui étaient en réalité des insecticides, avec les conséquences que l'on imagine en matière de pollution et pour la santé publique », rapporte Jean-Blaise Davaine.

Lorsque leur procès s'ouvre en septembre 2017 à Marseille, le procureur de la République dénonce « un vaste réseau international qui a prospéré pendant plusieurs années », le premier trafic d'une telle ampleur démantelé en France. Il requiert de la prison ferme pour ces « apprentis sorciers » qui ont inondé le marché français de produits illicites au mépris des risques sur l'environnement et la santé publique.

Reconnus coupables d'avoir vendu des milliers de litres d'herbicides, de régulateurs de croissance et de fongicides falsifiés auprès de centaines d'agriculteurs entre 2006 et 2008, les cinq comparses seront condamnés en octobre 2017 à des peines allant d'un à quatre ans de prison avec sursis pour tromperie aggravée. Mais ils n'en ont pas encore fini avec la justice française puisque Merath et ses complices ont aussi écoulé sur le marché hexagonal des volumes considérables de glyphosate de contrefaçon.

Trafic de contrefaçons de glyphosate

Cette seconde affaire remonte à janvier 2010. « Nous avons d'abord découvert qu'une grosse coopérative agricole stockait de gigantesques quantités de pesticides à base de glyphosate dans ses entrepôts. C'est une technique bien connue de rétention de la marchandise pour faire monter les prix en flèche », se souvient Claude[2], alors inspecteur à la BNEVP.

Bras armé du ministère de l'Agriculture, la BNEVP multiplie les contrôles. Au détour de l'un d'eux, elle va tomber sur un vaste trafic de contrefaçon de glyphosate. « En février 2010, raconte Claude, nous avons saisi dans un entrepôt près de Nantes 200 fûts de 20 litres de Lutesate 360, copie française d'un pesticide à base de glyphosate, le Gallup 360 de la firme Barclays Chemical. Les numéros de lot étaient bizarres. » Détail amusant :

2. Le prénom a été modifié pour protéger l'anonymat de notre interlocuteur, interviewé le 26 juin 2024.

les étiquettes, qui recouvraient celle du produit fabriqué à Dublin dans l'usine de Barclays, comportaient une énorme faute d'orthographe, « glyphosphate » au lieu de glyphosate.

Pour cet inspecteur aguerri de la « cellule phyto », pas de doute possible : « Compte tenu des quantités entreposées, il devait s'agir d'un énorme trafic de contrefaçons du produit de l'un des principaux fabricants mondiaux de pesticides avec des livraisons régulières et importantes. » Sur la base de ces premiers éléments, le dossier est transmis en juin 2010 au Pôle santé publique (PSP) du tribunal judiciaire de Marseille.

« C'est la force de notre brigade, déclare Jean-Blaise Davaine, d'être capable de convaincre un magistrat d'ouvrir une enquête préliminaire. Ce n'est pas toujours facile. Les affaires de pesticides peuvent apparaître secondaires aux yeux d'un procureur surchargé[3]. »

Au Pôle santé publique de Marseille, la brigade sait pouvoir compter sur une alliée. La juge d'instruction Annaïck Le Goff, qui dirigera notamment quelques mois plus tard l'enquête sur le scandale des prothèses mammaires PIP défectueuses, est réputée pour sa pugnacité. La magistrate confie l'enquête aux gendarmes de l'Oclaesp, appuyés naturellement par la BNEVP.

3. *Ibid.*

Spectaculaires ramifications internationales

Les enquêteurs remontent la piste d'un réseau aux spectaculaires ramifications internationales. On y retrouve le grossiste allemand des produits illégaux Michael Merath. Le mode opératoire repose, cette fois encore, sur la fraude au commerce parallèle de pesticides et sur un circuit logistique de fraude sophistiqué. Première étape, par le biais d'Albaugh, une société américaine dont le siège européen se situe en Suisse au bord du lac Léman, Merath achète en Angleterre et en Autriche des fûts de pesticides interdits en France.

Dans un second temps, il les expédie par camion jusqu'à un entrepôt des Pennes-Mirabeau près de Marseille où les étiquettes des fûts illicites sont changées et remplacées par celles de Lutesate 360, la version française du Gallup 360, qui dispose d'une autorisation de mise sur le marché, pour faire croire aux acheteurs qu'il s'agit d'un produit autorisé en France. Enfin, les produits falsifiés sont vendus au monde agricole par Aristide Coco avec la complicité d'un revendeur corse véreux.

L'arnaque à grande échelle aura duré trois ans. Entre 2008 et 2011, le réseau de Michael Merath a, circonstance aggravante, distribué en France un pesticide frelaté. L'expertise toxicologique le comparant au Gallup 360 montrera en effet que, si les deux comportent bien du glyphosate, le Lutesate 360, d'aspect « plus clair et moussant », contient « une impureté de synthèse » et trois substances ne figurant pas dans le produit d'origine.

« Un matin, nous avons fait une descente dans l'entrepôt des Pennes-Mirabeau, raconte Claude. Ils étaient en train de changer les étiquettes sur les bidons, nous les avons pris en flagrant délit. On a bloqué le trafic assez vite, au bout de la quatrième ou de la cinquième livraison, mais ils ont tout de même eu le temps d'écouler plus de 90 000 litres pour lesquels ils se sont partagés près de 1 million d'euros. »

« Pirate » du monde des pesticides

Derrière les barreaux outre-Rhin au moment du procès qui s'achève en février 2019, Michael Merath se verra infliger deux ans de prison avec sursis, le Corse un an de prison avec sursis et Aristide Coco quinze mois avec sursis. Si tous ces personnages évoluent dans l'univers feutré de la délinquance économique et financière, « certains d'entre eux étaient de vrais bandits », affirme Claude, qui a participé aux auditions devant la juge.

Dépeint comme un « pirate » du monde des pesticides par un dirigeant de Barclay, Michael Merath « est un gros trafiquant qui sévissait à travers toute l'Europe ». Français né à Palerme, déjà condamné pour fraude fiscale, « Aristide Coco était un drôle d'oiseau, se rappelle Claude. Un jour, il m'a dit : vous vous y connaissez en phytosanitaire, vous auriez dû travailler pour nous, vous auriez gagné beaucoup plus d'argent. »

Quant à Alain Bandrier, respectable cadre de l'industrie phytosanitaire, il ne fera pas mystère de ses motivations devant la juge qui l'interroge sur les raisons qui l'ont poussé à se lancer dans cette affaire de contrefaçon de pesticides : « L'argent, Madame la Juge. Grâce à ce trafic, je suis passé de 9 000 à 14 000 euros par mois. »

Le Corse « c'était autre chose, estime Claude. Lui, c'était un joueur. Il gagnait ou il perdait. Alain Bandrier a continué ses trafics, lui s'est complètement retiré de ce milieu. Aujourd'hui, il vend des sandwichs sur une plage de l'Île de Beauté. Il était sympathique, il m'est arrivé d'aller boire un café avec lui après les audiences au tribunal. »

Plus sévère face à des prévenus qui clament leur innocence ou plaident la négligence, le procureur de la République dénoncera dans son réquisitoire des escrocs qui « sans aucun scrupule ont privilégié le lucre au respect de la réglementation en inondant le marché français d'un produit dont il est possible que des générations aient à subir les conséquences ».

2 millions de litres de glyphosate contrefait

Le plus incroyable est que ce procès de Merath et de ses complices ne sera pas le dernier, puisqu'une troisième affaire de contrefaçons de pesticide doit encore être jugée à Bordeaux. « Au cours des gardes à vue, indique Claude, il nous a été confirmé qu'Alain Bandrier avait, de son côté, mis sur le marché 2 millions de litres de glyphosate contrefait. »

L'enquête a été menée par les douanes judiciaires sous l'autorité du parquet de Bordeaux. Particularité de ce volumineux dossier de contrebande, les contrefaçons auraient été écoulées par Alain Bandrier, multirécidiviste du trafic de pesticides, avec la complicité d'un responsable des achats d'InVivo. Surnommé « la coopérative des coopératives », le groupe InVivo est, avec ses 12 milliards d'euros de chiffre d'affaires et ses 14 500 salariés, un mastodonte du paysage agricole français.

« Le commercial en question avait même payé les étiquettes apposées sur les bidons de contrefaçons, révèle un enquêteur. Il a été mis en retraite anticipée pour éviter les poursuites et, depuis, InVivo a fait le ménage dans ses rangs et chez ses fournisseurs. » Il n'empêche, l'affaire jette une lumière crue sur les liens troubles entre le monde agricole et l'industrie phytosanitaire.

« Il y a une proximité, presque une consanguinité[4] », dénonce Nadine Lauverjat, déléguée générale de l'ONG environnementale Générations futures. « Le système maintient les agriculteurs dans la dépendance à ces produits, poursuit-elle. Les relations sont si étroites que, dans les coopératives, les mêmes agronomes

4. Entretien avec l'auteur le 17 juin 2024.

conseillent les agriculteurs et leur vendent les pesticides. Au moment des négociations sur le plan Écophyto[5], on a vu une haute responsable de la FNSEA, le principal syndicat agricole, passer directement au service de l'UIPP, l'organisation professionnelle de l'industrie phytosanitaire. »

Un pactole de 100 à 200 millions d'euros par an

Avec la chute de la « glyphosate connexion » de Merath et de ses complices, les enquêteurs de la Brigade nationale d'enquêtes vétérinaires et phytosanitaires peuvent en tout cas se réjouir « d'avoir mis un coup de pied dans la fourmilière, se félicite Claude. Ces affaires ont fait du bruit dans la profession. Elles ont freiné les ardeurs de ceux qui avaient envie de tricher ».

Une victoire de courte durée. Publiée en 2022 par le ministère de l'Intérieur, la cartographie de la criminalité environnementale affirme que les utilisateurs de pesticides, « majoritairement des agriculteurs, s'organisent […] pour continuer à se procurer » des produits

5. Lancé en 2008, le plan Écophyto vise à réduire de 50 % d'ici à 2030 l'utilisation de produits phytosanitaires pour protéger l'environnement et la santé publique. En 2021, un rapport de l'Inserm a confirmé les liens de causalité entre ces produits et une forme de cancer et d'autres maladies, notamment neurodégénératives, chez les sujets exposés. En 2023, une commission d'enquête parlementaire a estimé que les pesticides « constituent une menace majeure pour la ressource en eau potable ».

interdits. Ils le font via Internet, ou en s'approvisionnant à l'étranger « en s'y rendant directement » ou « en se faisant livrer par un ou plusieurs intermédiaires »[6].

Le rapport s'inquiète des stratégies sophistiquées mises en œuvre par « des réseaux d'approvisionnement illicites, structurés au niveau supranational ». Les principaux fournisseurs des substances chimiques sont chinois ou indiens. En Europe, pour brouiller les pistes, les réseaux éparpillent leurs activités dans plusieurs pays : fabrication au Royaume-Uni, dédouanement en Belgique, conditionnement en Allemagne ou dans les pays de l'Est… Les flux financiers transitent par des sociétés « boîtes aux lettres ».

Alors que les ventes de produits phytosanitaires sont chiffrées en France à 4 milliards d'euros par an, « les produits contrefaits représenteraient entre 2,5 et 5 % du marché », estime le rapport du ministère de l'Intérieur. Soit un pactole annuel de 100 à 200 millions engrangés par les trafiquants. Et la tendance n'est pas près de s'inverser. Le durcissement de la réglementation et la guerre en Ukraine pèsent en effet sur la production mondiale de pesticides alors que la demande ne cesse de croître.

Après des années d'épandage massif, les pesticides sont de surcroît moins efficaces face à des parasites devenus plus résistants, qui s'attaquent à des plantes

6. Ministère de l'Intérieur, Oclaesp, « État de la menace liée à la criminalité environnementale », rapport, 2022.

épuisées par les canicules et les sécheresses à répétition provoquées par le dérèglement du climat. Il faut donc toujours plus de pesticides.

Dans ces conditions, tant que des États européens autoriseront des pesticides interdits chez leurs voisins, le marché noir continuera de faire des ravages, en particulier en France, paradis de l'agrochimie sur le Vieux Continent. Au point que les jardiniers amateurs n'y hésitent pas à se procurer des herbicides interdits, avec un penchant coupable pour le glyphosate, produit star de Bayer-Monsanto.

CHAPITRE 10

PROFESSION : DEALER DE GLYPHOSATE

Le mot « dealer » évoque immédiatement des halls d'immeuble de banlieue squattés par des jeunes au visage dissimulé sous des capuches, des points de vente surveillés par des guetteurs, des règlements de comptes sanglants entre bandes rivales… Il existe pourtant une autre forme de « deal », plus insolite, dans laquelle il n'est question ni de cannabis ni d'ecstasy mais de… désherbant.

Au point de départ de ce trafic très particulier, l'interdiction qui frappe en France le glyphosate, principe actif du Roundup. Depuis 2019, la loi Labbé interdit aux particuliers d'utiliser l'herbicide le plus vendu au monde, parce qu'il est considéré comme nocif pour la santé et l'environnement. Malgré tout, il reste autorisé pour les agriculteurs jusqu'en 2033.

Si les avis scientifiques sont partagés sur la dangerosité du pesticide de Bayer-Monsanto, pour les ONG, la cause est entendue. « Des études ont montré que le glyphosate a des effets sanitaires génotoxiques[1] et cancérigènes mais aussi des conséquences possibles sur le microbiote, la vie des sols et la biodiversité[2] », soutient Nadine Lauverjat, déléguée générale de Générations futures, association qui bataille depuis trente ans contre le glyphosate.

Une certitude : la loi Labbé est allègrement bafouée. Certes, les ventes de Roundup dans les supermarchés et les magasins spécialisés se sont effondrées alors que, l'année précédant son interdiction aux particuliers, il s'en vendait un bidon de 5 litres toutes les 70 secondes ! Cependant, dès l'année suivante, le glyphosate, produit miracle contre les mauvaises herbes pour les jardiniers amateurs qui ne veulent pas se casser le dos à désherber à la main, a envahi les sites de vente en ligne.

Des milliers de litres au marché noir

Sur Internet, les vendeurs ne reculent devant rien. Sur la page Facebook de desherbant.com, site aujourd'hui désactivé, un pesticide au glyphosate était décrit comme « plus sûr pour l'environnement ». « Non agressif grâce à ses additifs de nouvelle génération » et « facilement biodégradable, il ne contamine pas le sol ni

1. Désigne la capacité à endommager l'ADN.
2. Entretien avec l'auteur le 17 juin 2024.

l'eau et présente une faible toxicité pour les organismes aquatiques »[3].

Bref, le glyphosate serait inoffensif. C'est faux, mais les commandes affluent. En 2020, Alexandre Rehany, fondateur du site lanceuralerte.org avec son frère Maxime, un ancien correspondant de la DGSE, le signale à la justice. « Les désherbants au glyphosate s'arrachent au marché noir, dénonce-t-il. En violation des lois environnementales, des trafiquants en écoulent des milliers de litres sur Internet[4]. »

« En faisant de la veille sur Internet, nous avons découvert d'importants volumes de vente de glyphosate à des particuliers dans la région de Tours », confirme Étienne[5], enquêteur à la BNEVP. Rien d'étonnant. Il suffit d'allumer son ordinateur pour voir surgir sur l'écran des centaines d'annonces pour le Roundup.

Toutes ne sont d'ailleurs pas illégales. « Comme la marque commerciale est tombée dans le domaine public, d'autres fabricants que Monsanto commercialisent du Roundup, mais sans glyphosate, explique Jean-Paul Bonneau de France nature environnement. Il s'agit souvent d'herbicides à base d'acide pélargonique[6] », une substance naturelle extraite des plantes de géranium.

3. https://urlz.fr/tK1d
4. www.lanceuralerte.org
5. Entretien avec l'auteur le 14 juin 2024. Le prénom a été modifié pour préserver l'anonymat de notre interlocuteur.
6. Entretien avec l'auteur le 28 août 2024.

Du Roundup bio, en somme. Sur Amazon trône ainsi, en tête de gondole des désherbants, un flacon de « Roundup Speed Ultra » confectionné « à base d'acide pélargonique », indique effectivement la notice. Sur MarketOnWeb, on trouve aussi du « Roundup Contact » à base d'acide acétique, c'est-à-dire de vinaigre.

Benoît L. opérait depuis Bangkok

Mais il suffit de quelques clics pour dénicher le Roundup de Bayer-Monsanto ancienne formule, totalement interdit aux non-professionnels en France. « Les éléments transmis sur réquisition de la justice par Leboncoin et PayPal nous ont rapidement permis d'identifier le revendeur signalé par le lanceur d'alerte », indique Étienne.

L'individu, un certain Benoît L., chauve, la quarantaine musclée, est un Français installé en Thaïlande. Il est ce que l'on appelle dans le jargon de l'e-commerce un *dropshipper*. En clair, il publie en ligne des petites annonces de glyphosate, dont il ne possède aucun stock. Il encaisse simplement le montant de la vente, touche une commission et reverse le reste à ses fournisseurs qui se chargeront des expéditions aux acheteurs.

Rien n'indique dans les annonces qu'il met en ligne un produit illégal, rien non plus sur les précautions d'emploi d'un herbicide considéré comme dangereux. La pratique est habituelle dans le *dropshipping*, un univers où tout se vend, des animaux de compagnie aux parfums de contrefaçon, en passant donc par des herbicides, sans se soucier de l'information ni des droits des consommateurs.

Dans les eaux troubles du *dropshipping*, Benoît L. est un gros poisson. Depuis la Thaïlande, l'homme vend frauduleusement aux particuliers français des quantités impressionnantes de pesticides via Leboncoin[7] ou eBay[8]. Entre 2021 et 2022, il a empoché 170 000 euros auxquels il faut ajouter 110 000 euros encaissés au travers de sites tels que Shopify, desherbants.com et vertculture.com.

Avec un revenu de plus de 10 000 euros par mois, Benoît L. est un trafiquant aguerri doublé d'un financier averti. Il possède plusieurs comptes en Thaïlande, en France, en Belgique, en Allemagne. Outre-Rhin, il a recours aux services de la néobanque N26, régulièrement épinglée par les autorités pour ses failles dans la lutte contre le blanchiment d'argent sale.

Les enquêteurs n'ont plus qu'à le coincer. Tâche compliquée, puisqu'il vit à l'époque à Bangkok. C'est son sens de la famille qui va le perdre. « Chaque année, explique Étienne, il revenait en France pour fêter Noël

7. Contacté, Leboncoin nous a indiqué que conformément à son statut d'hébergeur, seuls les annonceurs sont responsables du contenu de leurs annonces et leur légalité. En cas de fraude avérée et de poursuites judiciaires, la plateforme assure répondre dans les meilleurs délais et gratuitement aux réquisitions de justice.

8. Sollicité, eBay n'a jamais répondu à nos questions.

avec sa maman. » Interpellé en 2022, il est placé en garde à vue et libéré sous contrôle judiciaire.

« Pour la petite histoire, raconte l'enquêteur, il était coach sportif à Bangkok et sa compagne thaïlandaise, guide touristique. En 2020, leurs activités ont été stoppées net par l'épidémie de Covid. Ils avaient besoin d'argent et devaient absolument trouver une nouvelle source de revenus. C'est à ce moment-là qu'il a fait affaire avec un fournisseur espagnol qui cherchait des *dropshippers* pour écouler du glyphosate en France. »

En tout, « il a vendu 9 000 litres de pesticide illégal à des particuliers, de quoi brûler la végétation de 1 000 à 1 400 terrains de foot », lance en mai 2023 la présidente du tribunal de Tours lors du procès, qui se déroule en présence de son avocat mais sans le prévenu. Bien que sous contrôle judiciaire, Benoît L. s'est évaporé dans la nature, sans doute loin de la France. Un mandat d'arrêt international a été lancé contre lui.

En l'absence de son client en fuite, son avocat aura bien du mal à plaider sa cause. Profitant « du marché noir particulièrement lucratif du glyphosate, interdit à la vente à des particuliers depuis quelques mois », il s'est livré à un « commerce mortifère », accuse la juge. Des faits « extrêmement graves » portant atteinte à la santé et à l'environnement et ce « alors que sa mère est élue sous l'étiquette écologique dans le Gard ».

Dans sa plaidoirie, son avocat tentera bien de minimiser la responsabilité de l'ancien coach sportif.

« Je ne veux pas qu'il soit sacrifié sur l'autel de l'exemple. Pour quelles raisons le fournisseur espagnol n'est-il pas inquiété ? Les sites de vente en ligne ne sont pas là, pourquoi ? » s'est-il interrogé. Peine perdue. En juin 2023, Benoît L. écope d'un an de prison ferme. Son avocat a annoncé à l'issue de l'audience qu'il comptait faire un appel.

Un réseau démantelé à Avignon

Mais les enquêteurs n'en ont pas fini avec la contrebande de glyphosate. Six mois plus tard, trois autres *dropshippers* comparaissent devant le tribunal correctionnel d'Avignon qui leur infligera des peines de six à douze mois de prison avec sursis pour avoir, eux aussi, vendu illégalement le pesticide à des particuliers.

Chômeur, employé ou intérimaire, sans casier judiciaire, ces dealers d'un nouveau genre, âgés de vingt-trois à quarante ans, ont cédé à la tentation de se remplir les poches rapidement sans sortir de chez eux. Voyant l'avalanche de petites annonces de Roundup, en particulier sur eBay, ils ont profité de l'occasion de croquer une part du gâteau.

Dénoncée sur la plateforme en ligne de la répression des fraudes[9], l'une de leurs offres, diffusée sur

9. Signal.conso.fr. Sur le site de la DGCCRF, n'importe quel consommateur peut signaler, anonymement ou non, un abus, une arnaque, un produit contrefait, etc.

Leboncoin, déclenche une enquête de l'OFB. Un premier trafiquant, qui opère sous pseudo depuis Avignon, est identifié grâce à son profil Facebook et son compte PayPal. Ses deux complices, localisés eux aussi dans le Vaucluse, se livrent au même trafic sur Leboncoin, Cdiscount, eBay, la Fnac et Naturabuy[10], listés dans l'exposé des faits du jugement, utilisant de fausses identités et de multiples comptes pour ratisser le maximum de clients.

Leurs domiciles sont perquisitionnés, leurs comptes bancaires décortiqués, leurs boîtes mail et leurs conversations WhatsApp épluchées. À leur grande surprise, les enquêteurs découvrent que l'un d'eux, jaloux du succès de ses comparses, les a dénoncés sous un faux nom, mettant les autorités sur leur piste. Entre 2021 et 2022, ils ont vendu des centaines de litres du pesticide de Bayer-Monsanto et empoché environ 60 000 euros. Des gains au caractère « purement lucratif, sans égard pour les enjeux environnementaux », déplore le tribunal. Même indifférence chez les 667 acheteurs identifiés au cours de l'enquête. De surcroît, aucun n'a cherché à savoir si son achat était légal ou non, croyant le produit en vente libre sur eBay.

---

10. Rappelons que les hébergeurs de sites Internet sont tenus de mettre en place des mécanismes de signalement permettant de les alerter en cas de publication d'un contenu illégal. Ils doivent, le cas échéant, retirer le contenu en question et prévenir la justice, sinon leur responsabilité pénale peut être engagée.

Au procès, Me Farid Farryssy, l'avocat de l'un des prévenus, dénonce « les premiers coupables, qui sont les politiques ayant prolongé l'autorisation du glyphosate pour les agriculteurs. Le Vaucluse où j'habite, lance-t-il, est le département le plus glyphosaté de France, lorsque vous mangez des fruits et légumes, vous en avez dans votre assiette[11] ».

Des grossistes basés en Espagne

Le tribunal d'Avignon préfère pointer la responsabilité des fournisseurs de glyphosate. « Ils sont tous basés en dehors du territoire national, et la majorité d'entre eux en Espagne », lit-on dans le jugement. Eux aussi font l'objet d'une enquête judiciaire. Après les revendeurs, les grossistes sont désormais dans le viseur.

« On voulait remonter la filière, coincer les têtes de réseau », confirme Étienne, l'enquêteur de la BNEVP. Il suit une piste livrée clé en main par le lanceur d'alerte à l'origine de l'enquête, qui a retrouvé la trace des deux principaux fournisseurs. Le premier est un Chinois résidant en Espagne. Depuis Pampelune, Yao J., qui écoule en France des milliers de litres d'herbicide à base de glyphosate sur eBay, a aussi servi de grossiste aux trafiquants du Vaucluse.

Le second, un certain Idir G., est un ressortissant algérien installé à Irún, à deux pas de la frontière

11. Entretien avec l'auteur le 17 septembre 2024.

française, d'où il fournissait avec ses deux frères les trois dealers jugés à Avignon et l'ex-coach de Bangkok. C'est sur lui que va se focaliser l'enquête. Fin 2023, les enquêteurs français, accompagnés côté espagnol de la Guardia civil et d'Europol, font une descente le même jour chez les trois frères. Idir G. est arrêté à Castres chez son épouse. Il sera interpellé dans les toilettes, où il s'était caché pour prévenir ses frères du coup de filet.

Au bout de vingt mois d'enquête, il apparaît que le réseau démantelé ce jour-là est à l'origine du plus grand trafic de glyphosate jamais mis sur pied entre l'Espagne et la France à destination des particuliers. Le procès d'Idir G. s'ouvre le 3 septembre 2024 à Tours.

L'accusé nie tout en bloc

Vente illicite, publicité mensongère et tromperie sur une marchandise pouvant être dangereuse pour la santé de l'homme et des animaux… En pantalon et polo gris clair, élégants mocassins aux pieds, l'homme aux larges épaules et aux cheveux ras écoute tête baissée la présidente du tribunal égrener les faits qui lui sont reprochés.

« Mon client, commence Me Farid Faryssy, le même avocat qui a défendu l'un des dealers de glyphosate du Vaucluse, n'a jamais exercé son activité professionnelle en France, ni vendu, à titre personnel, de produits interdits en France. »

Surprise, la présidente du tribunal s'adresse au prévenu :

« L'enquête a trouvé des messages WhatsApp dans lesquels vous échangez avec les revendeurs. »

S'exprimant en français, le trentenaire nie tout en bloc.

« Je n'ai rien à voir avec tout ça », jure-t-il.

Une ligne de défense derrière laquelle il va se retrancher obstinément. Le débat s'engage, tantôt grave, tantôt cocasse.

« Je suis consternée par vos dénégations, lui lance la procureure de la République. Vous avez vendu du glyphosate, oui ou non ?

– Non, répond l'accusé, à titre personnel, je n'ai jamais rien vendu en France

– Mais vous êtes bien cogérant de la société qui a effectué sur Internet des ventes massives de glyphosate en France ?

– Ce sont mes frères qui s'en occupent.

– Tout est la faute de vos frères ?

– Oui.

– Alors pourquoi trouve-t-on votre nom partout sur les comptes eBay, les boutiques en ligne, les conversations WhatsApp ?

– Ce sont mes frères qui ont mis mon nom.

– En garde à vue, vous avez reconnu que 70 % de vos clients étaient français.

– Je n'ai jamais dit ça. Les policiers m'ont réveillé à 7 heures du matin, ils m'ont dit qu'il fallait que j'avoue et qu'ils me laisseraient partir. Je n'avais jamais été en garde à vue. Je tremblais, je voulais revoir ma petite famille. J'ai été menotté devant ma fillette, ma femme enceinte a été frappée par un gendarme.

– De quoi viviez-vous entre 2020 et 2023 ? l'interrompt la présidente du tribunal.

– Je gagnais 10 000 euros par mois.

– On a trouvé 35 000 euros sur un compte en Lituanie. Cette somme était-elle liée à la vente de glyphosate ?

– Non, je suis un homme d'affaires. Je loue des appartements, je vends sur Internet des accessoires de bricolage, des cartons d'emballage, de l'huile moteur, des téléphones portables. Je suis aussi arbitre international de handball.

– En tant que cogérant de la société, le recadre Me Philippe de Castro, l'avocat de Générations futures, l'une des associations partie civile, vous saviez que la vente de glyphosate était interdite en France. C'est ce que vous avez dit en garde à vue.

– Je n'ai jamais dit ça.

– Vous avez aussi dit en garde à vue que vous connaissiez les dangers du glyphosate.

– Si le produit était dangereux, les autorités espagnoles ne m'auraient pas autorisé à en vendre. »

« Pablo Escobar du glyphosate »

Au bout de deux heures d'audience, le temps est venu du réquisitoire. La procureure de la République accuse Idir G. d'avoir vendu en toute connaissance de cause un produit nocif par « appât » du gain. « Il savait bien que c'était interdit en France, a utilisé pour écouler la marchandise les mêmes techniques que les réseaux de stupéfiants, et il a gagné beaucoup d'argent. »

Le défenseur d'Idir G. s'avance à la barre. « Dans ce procès, j'ai eu l'impression de défendre le Pablo Escobar du glyphosate, ironise Me Farid Faryssy. On a pris un gros marteau pour taper sur un petit et dire stop au glyphosate. Mais il n'est pas en infraction quand il en vend en Espagne. Je suis allé chez Carrefour en Espagne, vous avez des bidons plein les rayons. »

Quant aux ventes illégales en France via eBay[12] notamment, « rien ne démontre, poursuit l'avocat, que, lorsque sa société vend des pesticides à base de glyphosate sur notre territoire, elle ne les vend pas à des professionnels, ce qui est autorisé. Vous risquez de condamner un innocent. »

Enfin, le défenseur d'Idir G., après avoir demandé la relaxe, en arrive au fond de l'affaire : l'ambiguïté

12. Contacté, eBay France n'a pas répondu à nos sollicitations d'explications à propos de la vente sur son site de produits illicites.

des autorités politiques sur le sujet. « Si le glyphosate est dangereux, plaide l'avocat, je trouve inadmissible que Bayer puisse continuer à en commercialiser en Europe. Et pourquoi la commission européenne a-t-elle prolongé de dix ans l'autorisation pour les agriculteurs ? On s'acharne sur mon client mais il n'est qu'un petit vendeur de glyphosate, je ne vois aucun parquet de France ou de Navarre poursuivre Bayer ou les commissaires européens. Ils devraient être là devant vous. »

Les avocats des parties civiles, eux, mettront en cause un autre acteur absent à l'audience. « On peut regretter que les plateformes comme eBay, qui prennent des commissions sur les ventes illégales de glyphosate en France, ne soient pas ici aujourd'hui, elles ont une part de responsabilité », estime Me Philippe de Castro, l'avocat de Générations futures. « Un jour, il faudra mettre en cause les plateformes de vente en ligne », renchérit la procureure de la République.

Rencontré avant le procès de Tours, l'avocat de Générations futures dresse le parallèle entre les sites vendant du glyphosate et ceux qui hébergent des annonces de jeunes gens proposant des massages. « Ils savent qu'il s'agit en réalité de prostitution mais certains sites Internet ferment les yeux, accuse-t-il. S'ils faisaient mieux leur travail de modération, il n'y aurait pas tous ces trafics, qui sont loin d'être anodins. »

En attendant que des grands sites d'e-commerce se retrouvent un jour peut-être dans le box des accusés,

Idir G. écopera de douze mois de prison avec sursis et de 20 000 euros d'amende. « En 2023, 1 200 tonnes de pesticides interdits ont encore été saisies dans l'Union européenne. Pour que cela cesse, il faut une répression sévère et envoyer un message fort aux trafiquants[13] », commente Pia Savart, juriste à France nature environnement. L'avocat du mis en cause a fait appel. Le procès en appel aura lieu en novembre 2025.

Sur eBay, la contrebande sévit toujours

Du côté des enquêteurs, le procès laisse un goût d'inachevé car le second grossiste, Yao J., court toujours. « On sait que le Chinois continue de vendre du glyphosate en France, confie l'un d'entre eux, on avait même repéré une adresse sur les Champs-Élysées, mais il est aujourd'hui domicilié à Hong Kong. »

Comme lui, d'autres contrebandiers sévissent toujours en ligne. La preuve ? Nous faisons mi-2024 un tour sur Internet. Un particulier y met en vente sur eBay[14] un bidon de 500 millilitres de « Roundup Ultra Plus » pour pelouse, jardin et gazon à 79,90 euros. Le produit, fabriqué par Bayer, vient de Monsanto en Espagne. Sur l'étiquette, le mot « *glifosato* » est bien visible. Le vendeur « assume l'entière responsabilité »

13. Entretien avec l'auteur le 3 septembre 2024.
14. Sollicité par l'auteur, eBay n'a pas répondu à nos questions.

de cette annonce, avertit eBay. En vingt-quatre heures, l'annonce a été consultée 830 fois.

Toujours sur eBay, le même jour, un vendeur « inscrit comme particulier » propose un bidon de 5 litres de « Roundup Gold » à 139,95 euros. À base de glyphosate, le produit vient cette fois de Grèce. En poursuivant notre « lèche-vitrine », nous découvrons d'autres bidons contenant la molécule prohibée, accessibles sur des sites spécialisés en France, en Italie, en Pologne, ou sur ceux de jardineries en ligne comme jardin-protection.com ou jardinherbe.com.

Leurs clients risquent en théorie six mois de prison ferme et une amende salée. En réalité, les jardiniers amateurs ont peu de risques de voir débarquer un matin les gendarmes dans leur potager ou leur parterre de bégonias. « Pour faire cesser ce type de trafics, il est plus efficace de traquer les têtes de réseaux », explique l'enquêteur de la BNEVP qui, en permanence sur la brèche, a démantelé en 2021 un réseau international qui fournissait à des agriculteurs normands un pesticide interdit en France.

CHAPITRE 11

LE SCANDALE DES CAROTTES AUX PESTICIDES

Ce 10 août 2024, à Créances, dans la Manche, la trente-deuxième édition de la Fête de la carotte a une nouvelle fois attiré la foule des grands jours. Au programme, musique folklorique, marché des produits du terroir et défilé en costume d'époque de la confrérie des « Moûogeous d'carottes de Crianches », les mangeurs de carottes des sables de Créances dont la culture remonterait au XIIIe siècle.

Sur le stand de la confrérie ont été intronisés de nouveaux « frères », priés de prêter serment de défendre toute leur vie la reine de la fête. Elle est cultivée et ramassée à la main sur les bancs de sable des rives de la Manche ; sa couleur orange vif, sa texture croquante et son goût iodé ont fait sa renommée. Couronnée d'une appellation d'origine contrôlée, certifiée Label rouge, la carotte des sables est depuis des générations le gagne-pain des producteurs du Cotentin.

Scandale sanitaire et risque pour l'environnement

La fête donc, presque comme si de rien n'était. Pourtant, quatre mois plus tôt, la réputation des maraîchers a été sérieusement entachée. Fin avril, alors que le mouvement national de colère des agriculteurs vient tout juste de prendre fin, la Cour de cassation confirme les lourdes peines infligées à une dizaine de maraîchers de Créances accusés d'avoir épandu sur leurs champs de carottes un pesticide interdit en France.

Une partie du monde agricole est révoltée. La Confédération paysanne n'a pas de mots assez durs. La fraude au pesticide « entraîne de la concurrence déloyale à l'égard des maraîchers respectant cette interdiction. Elle porte atteinte à l'image des carottes produites en France, en jetant un doute dans l'esprit des consommateurs sur les conditions de production de l'ensemble des carottes, voire des légumes[1]. »

Au passage, « non seulement les producteurs de la région de Coutances faisaient de l'épandage nocturne de ce pesticide interdit, mais comme ils juraient leurs grands dieux qu'ils ne l'utilisaient plus, ils continuaient à toucher les subventions européennes, signale le général Sylvain Noyau. Ils étaient gagnants sur les deux tableaux[2] ».

---

1. https://urlz.fr/tK2j
2. Entretien avec l'auteur le 25 juin 2024.

Ce scandale sanitaire, un de plus, présente la particularité de cumuler tromperie du consommateur et atteinte à l'environnement. « Il s'agit d'un dossier emblématique par son ampleur[3] », souligne François Lafforgue, avocat de l'une des parties civiles, l'association Générations futures qui alerte depuis des années sur les dangers des pesticides.

Les mots surprennent dans la bouche de l'avocat du cabinet TTLA & associés, connu pour défendre la cause, à première vue bien plus grave, des victimes de l'amiante, du Lubrizol, du chlordécone ou du Lévothyrox. Plus récemment, le cabinet est intervenu dans le dossier de Laure Marivain, cette fleuriste qui, manipulant des fleurs aspergées de pesticides, a involontairement contaminé durant sa grossesse sa fille Emmy, morte en 2022 à onze ans d'une leucémie aiguë.

Revenant au scandale des carottes aux pesticides, Philippe de Castro, l'autre avocat du cabinet parisien à avoir travaillé sur le dossier, insiste : « Cette affaire est emblématique. Elle a donné lieu à des techniques qui s'apparentent à de la délinquance organisée. Par ailleurs, le mutisme général observé par les mis en cause durant leur procès, je ne l'avais rencontré que dans les affaires de trafics de stupéfiants[4]. »

Là encore, le propos étonne à propos d'exploitants agricoles du Cotentin bien éloignés de l'univers des

3. Entretien avec l'auteur le 19 juin 2024.
4. *Ibid.*

narcotrafiquants. « Ces gens ne sont pas des voyous mais ils se sont comportés comme tels, confirme une source judiciaire. Les audiences au tribunal ont été très dures, l'ambiance était franchement détestable, avec une batterie d'avocats qui n'ont pas hésité à s'en prendre violemment au procureur de la République et aux enquêteurs. »

Un climat de violence qui empoisonne depuis des années tout ce qui touche à la production des fameuses carottes des sables. En 2015, la maison du président de l'association écologique Terre, air, eau, Franck Fenouillière, avait été taguée de menaces de mort. Son tort ? Dénoncer sans relâche l'épandage de pesticides.

Contrairement aux adeptes de l'agriculture biologique, les exploitants normands pratiquent en effet une culture intensive qui a rendu leurs carottes sensibles à un ver parasite, le nématode. Pour l'éliminer, ils ont recours depuis cinquante ans au dichloropropène, un pesticide toxique pour la biodiversité, cancérigène probable chez l'homme, et interdit à ce titre en Europe dès 2009. Depuis cette date, au motif qu'il n'y aurait pas d'alternative, les gouvernements successifs ont accordé année après année une dérogation autorisant les agriculteurs de la filière à utiliser le dichloropropène.

« Les producteurs de Créances pensaient être tranquilles *ad vitam aeternam* et ne se sont jamais préoccupés de préparer la suite, déplore Me Philippe de Castro. Jusqu'au jour où, en 2018, la dérogation n'a pas été renouvelée. » Au lieu de se plier à la nouvelle réglementation, des maraîchers vont plonger dans l'illégalité en important des produits à base de dichloropropène d'Espagne, où la molécule reste autorisée.

Coup de fil anonyme

Alertée, la Direction générale de l'alimentation du ministère de l'Agriculture déclenche en toute discrétion une série de contrôles effectués par les enquêteurs de la BNEVP. « Dans un premier temps, nous avons cherché dans les déchetteries des bidons vides du produit interdit », confie Mathieu[5] de la « cellule phyto » de la BNEVP.

« Puis, un soir d'avril 2020, je reçois un coup de fil d'un producteur de carottes de Créances souhaitant rester anonyme. Il me prévient que du dichloropropène va être épandu dans la nuit à la lumière de gros projecteurs. » Le tuyau semble sérieux. « Je raccroche, j'appelle un collègue et nous décidons de nous rendre sur place le soir même. Nous planquons toute la nuit devant la ferme désignée par notre indicateur. Il nous a expliqué comment les cultivateurs se procurent le pesticide. »

Le réseau implique un fournisseur espagnol, un intermédiaire dans l'Hérault et un revendeur en Normandie, sans compter l'entrepreneur qui se charge de l'épandage.

---

5. Entretien avec l'auteur le 14 juin 2024. Le prénom a été modifié pour préserver l'anonymat de l'enquêteur.

La BNEVP va obtenir les preuves qu'elle cherche à l'occasion d'une visite chez le revendeur normand localisé à Lessay, au nord de Coutances. L'homme, qui travaille chez un distributeur de pesticides et d'engrais de la région, a trouvé dans le trafic de dichloropropène un bon moyen d'arrondir ses fins de mois.

Dans sa voiture, les enquêteurs tombent sur un carnet noir contenant une liste d'agriculteurs et, en regard, leurs commandes. Le parquet de Coutances ouvre aussitôt une enquête judiciaire confiée à la BNEVP et à la gendarmerie locale. Placé en garde à vue, l'intermédiaire, mis en examen pour détention de produits interdits, faux et usage de faux et blanchiment, avoue que le pesticide est importé d'Espagne sous couvert d'importation d'engrais.

Une dizaine d'agriculteurs mis sur écoute

L'enquête passe dès lors à la vitesse supérieure. Une dizaine de suspects sont mis sur écoute, une voiture est « balisée » pour suivre leurs déplacements, des investigations financières sont lancées. « Des moyens énormes ont été déployés », se félicite Mathieu. Point d'orgue des investigations, les écoutes téléphoniques alertent les enquêteurs en novembre 2020 sur le fait qu'une très grosse livraison doit être acheminée d'Espagne.

Le jour J, une opération judiciaire mobilisant 45 gendarmes est conduite simultanément en Normandie, dans les Pyrénées orientales et dans le Gard. « Nous avons fait une descente chez le transporteur à Perpignan, raconte Mathieu, on a saisi le camion et son chargement. » Pour l'anecdote, les gendarmes mettront la main sur une rutilante Aston Martin digne de James Bond.

Au total, 14 personnes sont mises en examen pour avoir déversé illégalement une centaine de tonnes du pesticide entre 2018 et 2020 sur les champs de carottes des sables. Détail important : à la manière des poupées russes, l'enquête débusque un scandale à l'intérieur du scandale. « Non seulement les agriculteurs incriminés ont utilisé un pesticide interdit, mais en plus il s'agissait probablement d'une contrefaçon. »

Les analyses du laboratoire commun des douanes et de la répression des fraudes montrent en effet que la formulation chimique du pesticide employé dans le Cotentin ne correspond pas à celle du produit homologué en Espagne. « C'est donc un produit phytosanitaire potentiellement contrefait qui a été utilisé, s'alarme la même source, dont on ignore les risques qu'il a fait courir aux agriculteurs, aux consommateurs et à l'environnement. »

Un procès révélateur

En mai 2021, le procès des maraîchers de Créances s'ouvre dans une ambiance électrique. « Les premières arrestations avaient mis le feu dans le petit milieu des producteurs de carottes, se souvient Mathieu.

Au procès, on a bien vu que l'on s'attaquait à des gens importants dans la région. » Dans la salle d'audience du tribunal de Coutances, les maraîchers sont assis en rangs serrés, murés dans le silence.

Les preuves contre eux sont accablantes. Des prélèvements ont prouvé la présence de pesticide dans les sols sableux. La BNEVP consignera d'ailleurs plusieurs parcelles et ordonnera la destruction des récoltes. Qu'à cela ne tienne, les avocats font feu de tout bois. « À un moment, témoigne une source judiciaire, l'un des avocats a lancé : "Vous connaissez *Le Bon, la Brute et le Truand* ? Eh bien, je vais vous dire qui est le truand, et il n'est pas sur le banc des prévenus." En clair, il accusait le procureur d'avoir truqué le procès pour faire condamner ses clients. »

Dès le premier jour d'audience, les débats débordent les frontières du droit pour opposer deux visions antagonistes de l'agriculture. « Ce procès est un révélateur de la place de la chimie dans notre société et de la difficulté à s'en passer lorsque l'on est accro », lance le procureur de la République soutenu par les associations écologistes, parmi lesquelles Générations futures et France nature environnement, qui se sont portées partie civile.

Dans l'autre camp, la FDSEA[6], la branche locale du principal syndicat agricole, défend les maraîchers bec et ongles. Depuis trois ans, elle dénonce l'interdiction

6. Fédération départementale des syndicats d'exploitants agricoles.

« arbitraire » du dichloropropène. En 2019, elle avait appelé les maraîchers de Créances à manifester à Saint-Lô. Un matin, des monceaux de fumier et de carottes avaient été déposés devant les grilles de la préfecture.

Pour disculper leurs clients, les avocats de la défense ont convoqué à la barre Stéphane Travers, ministre de l'Agriculture au sein du gouvernement d'Édouard Philippe à l'époque de l'interdiction du dichloropropène. Ils l'accusent de ne pas avoir actionné la loi Egalim[7] qui interdit l'importation de denrées traitées avec des produits phytosanitaires prohibés en France. Ce faisant, il aurait envoyé la filière dans le mur en l'exposant à la « concurrence déloyale » de producteurs espagnols ou italiens toujours autorisés à utiliser le pesticide.

Imparable, puisque l'on continue à trouver sur nos étals des carottes cultivées hors de nos frontières dans des sols traités au dichloropropène. Mais l'argument ne justifie pas que les maraîchers mis en cause aient préféré injecter dans leurs champs un pesticide illicite, considéré comme dangereux, plutôt que de chercher des remèdes alternatifs.

« Il existe une résistance énorme du monde agricole à diminuer l'usage des produits phytosanitaires parce

7. Issue des États généraux de l'alimentation voulu en 2017 par Emmanuel Macron, la loi Egalim a été votée en 2018. Elle a pour but d'assurer aux agriculteurs un juste prix de leur travail et de favoriser une alimentation saine, sûre et durable.

qu'on leur fait croire qu'ils ne peuvent pas faire autrement[8] », constate Nadine Lauverjat, déléguée générale de Générations futures. Pourtant, selon les experts, il est possible d'éradiquer le ver parasite par la rotation des cultures ou par la sélection de variétés plus résistantes au nématode.

« Depuis la révélation des faits, les producteurs de Créances n'utilisent plus à ma connaissance de dichloropropène, et pourtant ils continuent bien à produire des carottes de sable », note à ce propos Me Philippe de Castro.

En première instance, huit exploitants et trois intermédiaires qui leur fournissaient le dichloropropène ont été condamnés à de lourdes amendes, de 10 000 à 80 000 euros. Début 2023, la cour d'appel de Caen a confirmé les peines et alourdi la sanction contre l'importateur, qui a écopé de six mois de prison avec sursis. Un an plus tard, la Cour de cassation a rejeté tous les pourvois, mettant un terme définitif au feuilleton judiciaire.

Pesticides dans les fraises et les tomates

Symptomatique de la dépendance d'une large partie du monde agricole aux pesticides chimiques, l'affaire des carottes des sables de Créances a mis en lumière un fait alarmant pour les consommateurs :

8. Entretien avec l'auteur le 17 juin 2024.

aussi choquant que cela puisse paraître, il n'est pas rare de trouver dans nos assiettes des aliments dopés à des produits phytosanitaires totalement prohibés en France.

Un épisode des manifestations paysannes de l'hiver 2024 l'a démontré. Des agriculteurs ont fait analyser les échantillons prélevés dans les cargaisons de camions étrangers, en provenance notamment du Maroc, bloqués sur des barrages de l'autoroute A7. Des traces de produits chimiques interdits ont été détectées sur des fraises, des concombres, des tomates, des courgettes...

Sur ce point, les avocats des producteurs de carottes de la Manche avaient tapé dans le mille. Il est inadmissible pour les consommateurs de trouver en rayons des fruits et légumes traités avec des pesticides, des herbicides ou des fongicides interdits chez nous. Pour la France, c'est la double peine : elle ne s'est pas débarrassée de produits nocifs indésirables sur son sol et a tiré une balle dans le pied de ses propres paysans, empêchés de lutter à armes égales avec leurs concurrents.

Devant la fronde du monde agricole, des mesures ont été prises. Ainsi, en février 2024, l'importation depuis des pays situés hors de l'UE de fruits et légumes traités au thiaclopride, un pesticide « tueur d'abeilles » de Bayer que les agriculteurs ont interdiction d'utiliser depuis 2018, est suspendue.

Pratique « odieuse »

« C'est une question de bon sens, écrit le Premier ministre d'alors, Gabriel Attal, sur X. Je refuse de voir sur nos étals des aliments qui viennent d'exploitations à l'étranger, qui ne respectent pas nos normes et les contraintes qui pèsent sur nos agriculteurs. »

Le même argument a conduit Paris à s'opposer au Mercosur, l'accord de libre-échange entre l'Europe et l'Amérique latine signé le 7 décembre 2024 en Uruguay par la présidente de la Commission européenne Ursula von der Leyen, qui a promis que les importations de produits agricoles sud-américains devraient respecter les normes sanitaires en vigueur en Europe.

Pour les détracteurs de ce vaste accord de libre-échange, le Mercosur menace cependant d'inonder le Vieux Continent de maïs brésilien traité à l'atrazine. Cet herbicide de Syngenta, interdit en France depuis 2003, est un perturbateur endocrinien accusé de provoquer le cancer et de polluer les nappes phréatiques. L'accord de libre-échange avec la Nouvelle-Zélande a rallumé la grogne des agriculteurs, puisque ce pays autorise non seulement l'atrazine mais aussi le diflubenzuron, un pesticide interdit en Europe depuis 2021.

En pointe dans la lutte contre les importations de produits phytosanitaires nocifs, la France n'est pas cependant exempte de reproches. Dans un rapport publié par l'association suisse Public Eye et la cellule d'investigation de Greenpeace UK, on apprend qu'elle a autorisé en 2022 les industriels de l'agrochimie à exporter massivement depuis la France des produits prohibés en Europe[9]. Plus de 7 400 tonnes de substances toxiques ont été expédiées en 2022 au Brésil, en Ukraine, en Inde ou en Algérie.

Une pratique proscrite par la loi Alimentation de 2018 et qualifiée « d'odieuse » par les Nations unies. Les autorités françaises ont en effet donné leur feu vert à l'exportation de produits à base de picoxystrobine, un fongicide utilisé notamment dans le soja, toxique pour l'ADN des plantes et les milieux aquatiques. Elle a également autorisé les expéditions hors de l'UE de plusieurs néonicotinoïdes et du Fipronil, au cœur du scandale européen des œufs contaminés en 2017.

Le procès des cultivateurs de carottes du Cotentin a enfin levé un coin du voile sur la face sombre de l'univers de l'agrochimie : l'existence d'un véritable marché noir des pesticides illégaux. Après le démantèlement du réseau d'approvisionnement des producteurs de carottes normands, « nous avons découvert d'autres trafics dans le sud de la France », confie Mathieu, l'enquêteur de la BNEVP.

Opération « Silver Axe »

Longtemps restée l'un des secrets les mieux gardés de l'agriculture, la contrebande de pesticides a pris

9. https://urlz.fr/tK3m

des proportions alarmantes. Au cours d'un contrôle conduit dans 25 pays de l'UE entre janvier et avril 2023, l'agence européenne de coopération policière Europol a intercepté un volume record de plus de 2 000 tonnes de pesticides illicites ou frelatés.

Durant cette opération annuelle, baptisée « Silver Axe », à laquelle la BNEVP a participé en France, des usines clandestines de production ont été démantelées notamment en Bulgarie, et des filières identifiées qui transitent par la mer Noire ou la Turquie. Depuis le lancement de l'opération en 2015, plus de 7 000 tonnes de pesticides illicites ont été saisies. De quoi asperger une surface grande comme la France !

Plus inquiétant encore, « de nombreux fruits et légumes cultivés au sein de l'Union européenne sont traités avec des pesticides contrefaits, alerte Ingrid Kragl de l'ONG Foodwatch spécialisée dans la traque aux fraudes alimentaires. Et c'est grave, car ces produits, et plus encore ceux contrefaits, présentent des risques pour les utilisateurs, les agriculteurs, bousillent l'environnement, les cultures et la santé des consommateurs qui les ingèrent en quantités incontrôlées[10]. »

En quelques années, le trafic de pesticides de contrefaçon serait devenu l'une des branches les plus lucratives de la criminalité environnementale avec des activités florissantes en France, pays où se vendent le plus de

10. Ingrid Kragl, *Manger du faux pour de vrai*, Paris, Robert Laffont, 2021.

produits phytosanitaires en Europe. Il reste loin toutefois d'égaler dans l'Hexagone les recettes record de la contrebande d'espèces protégées, qui alimente notamment l'inépuisable marché clandestin des animaux de compagnie.

CHAPITRE 12

DANS LA JUNGLE DU TRAFIC ANIMAL

Les Français en raffolent. Un amour fou, démesuré. Six foyers sur dix possèdent un petit compagnon. Les chiffres sont vertigineux : 30 millions de poissons, 17 millions de chats, 10 millions de chiens, 4 millions d'oiseaux… Leur nombre a doublé en cinquante ans. C'est simple, la France compte aujourd'hui plus d'animaux de compagnie que d'habitants.

Derrière l'image attendrissante de nos amies les bêtes choyées par leur famille d'adoption se cache toutefois un business qui n'hésite pas à franchir la ligne rouge de la légalité et doublé, le plus souvent, d'une inconcevable maltraitance animale. Sévices graves, actes de cruauté, exercice illégal de la médecine vétérinaire, blanchiment… En témoigne l'affaire effroyable jugée en décembre 2024 par le tribunal d'Avesnes-sur-Helpe, dans le Nord.

Lors de perquisitions en mars 2023, les gendarmes ont découvert ce qu'ils ont baptisé « l'élevage de l'horreur ». Le dossier d'instruction de plusieurs centaines de pages a tout d'un scénario de film gore. Il révèle que dans le nord de la France, les bâtiments sinistres de l'élevage du Rêve de la Patte d'or, en partie clandestin et dirigé par trois femmes, hébergeaient près de 400 chiens entassés dans des conditions épouvantables.

Les femelles y étaient engrossées à la chaîne. Squelettiques, couverts de puces, les animaux apeurés pataugeaient dans leurs excréments. Quand ils mouraient, les cadavres, jetés dans des sacs-poubelles, étaient ensevelis dans des terrains vagues.

« J'ai réussi à me procurer des photos et des vidéos de l'intérieur de l'élevage, nous a confié Arielle, la lanceuse d'alerte à l'origine de l'enquête judiciaire. Les images sont atroces. Les animaux étaient parqués dans des conditions qui dépassent l'entendement. J'ai vu des chiots agonisant sous leur mère. Je n'aurais jamais cru possible de faire subir de tels traitements à des animaux[1]. »

Cages exiguës, maladies, surmortalité

Avec la complicité de trois vétérinaires, l'élevage revendait les chiots jusqu'à 2 500 euros sur Internet ou dans des foires après les avoir bichonnés un peu pour les rendre présentables. Bergers allemands, kishus au pelage blanc, corgis, les chiens préférés de feu la reine Elizabeth II… Certains auraient été importés de pays de l'Est ou de Russie et pucés frauduleusement

1. Entretien avec l'auteur le 11 octobre 2024.

pour faire croire qu'ils étaient nés au chenil. Ce juteux business aurait rapporté de 400 000 à 500 000 euros par an, des sommes en grande partie dissimulées au fisc, et a trompé de nombreux clients qui ont acheté des animaux souffrant de maladie ou de handicaps.

Devant la gravité des faits, la procureure de la République avait requis le 18 décembre 2024 des peines de prison de dix à trente-six mois pour les trois éleveuses et des interdictions temporaires d'exercer pour les vétérinaires qui ont délivré les certificats médicaux de complaisance attestant de la bonne santé des chiens.

Le 29 janvier 2025, le tribunal d'Avesnes-sur-Helpe a lourdement sanctionné les trois éleveuses à la tête de ce macabre « chiot business », l'une ayant écopé de dix-huit mois de prison ferme. Il a aussi déclaré les trois vétérinaires mises en causes coupables d'exercice illégal de la médecine vétérinaire et prononcé contre l'une d'elles une peine de six mois de prison avec sursis. Deux des trois éleveuses ont fait appel.

L'affaire, exceptionnelle, n'est toutefois pas une première. En 2018, un éleveur canin épinglé par la Fondation 30 millions d'amis[2] s'est retrouvé au tribunal de Bar-le-Duc. Les témoignages ont raconté l'enfer vécu là aussi par les chiens, les cages sales et exiguës, les saillies à une cadence effrénée, les maladies, la surmortalité, la falsification des carnets de santé... Les chiens

2. https://urlz.fr/tLJy

de races très demandées telles que husky, akita ou samoyède, rapportaient entre 800 et 4 000 euros pièce.

La France compterait plusieurs dizaines de ces « usines à chiots », complétées, pour répondre à la demande, d'un trafic d'animaux en provenance des pays de l'Est. Franck Verger connaît bien le sujet. Carrure de rugbyman, crâne dégarni et gouaille de l'enquêteur blanchi sous le harnais, le doyen de la BNEVP traque les trafiquants de chiens depuis près de vingt-cinq ans.

Connu comme le loup blanc dans le milieu des éleveurs et des animaleries, il enquête depuis les années 2000 sur le trafic de chiots venant d'Europe de l'Est. Il a fait ses armes avec l'affaire Francis Duprat, dite aussi de « La Maison de l'éleveur », du nom de cet homme qui vendait jusqu'à 20 000 chiens par an aux animaleries en s'approvisionnant dans les pays de l'Est au mépris des règles. « Ce n'est pas interdit, mais les chiens mis en vente doivent avoir plus de quinze semaines, être vaccinés et munis d'un passeport[3] », explique Franck Verger. Mis en examen pour faux et usage de faux, importation illégale et mauvais traitements, l'homme est condamné en 2003 à six mois de prison avec sursis.

Tandis que les petites boules de poils exposées dans les vitrines des animaleries[4] attendrissent les

3. Entretien avec l'auteur le 14 juin 2024.

4. La loi du 30 novembre 2021 contre la maltraitance animale interdit depuis le 1er janvier 2024 aux animaleries de vendre des chiens et des chats en magasins. Leur vente reste autorisée dans les foires et via la vente en ligne.

passants, les coulisses peu reluisantes d'un commerce régulièrement secoué par des affaires judiciaires se dévoilent. Après Francis Duprat, Frédéric Isnard, le plus gros vendeur du Vaucluse, est la cible d'une enquête des douanes judiciaires de Marseille. Lui aussi est accusé d'avoir importé des milliers de chiots à peine sevrés et munis de faux documents de vaccinations de Slovaquie en 2010 avec la complicité d'un vétérinaire.

Après avoir été relaxés en 2018, ils ont été condamnés en avril 2019 par la cour d'appel de Nimes à un an et six mois de prison avec sursis assorti de lourdes amendes pour « tromperie et complicité de tromperie », « importation et complicité d'importation d'animaux vivants sans contrôle vétérinaire conforme » et « exercice illégal de la médecine ». Les peines infligées à l'éleveur ont été confirmées en avril 2021 par la Cour de cassation qui n'a pas reconnu la complicité de la vétérinaire dans l'importation illégale d'animaux pour laquelle elle devra repasser devant la cour d'appel de Nîmes.

« L'effet peluche »

Pourquoi importer à toute force les chiots avant l'âge légal ? Pour maximiser les chances de les vendre vite et au meilleur prix en comptant sur « l'effet peluche ». Au-delà de huit à dix semaines, il devient plus compliqué de faire craquer les clients, et notamment les enfants qui sont souvent à l'origine de l'acte d'achat, analysent Sylvain Auffret et Stéphane Quéré, auteurs d'une enquête sur le trafic animal. Grâce à la triche sur l'âge, des chiots achetés 30 à 50 euros en Slovaquie sont revendus 200 à 400 euros dans le Vaucluse.

Lorsque Franck Verger commence à enquêter sur les animaleries, la pratique est courante. « Nous avons procédé à des contrôles quai de la Mégisserie[5] à Paris et à Nice, on voyait bien que des animaleries étaient dans le circuit, se souvient Franck Verger. Les magasins vendaient des chiots trop jeunes, peu ou mal vaccinés. Sur les écoutes téléphoniques, cette question de l'âge non réglementaire revenait sans arrêt. Ils s'approvisionnaient auprès d'une petite mafia d'éleveurs. » Au sein de cette mafia, l'enquêteur de la BNEVP ne tarde pas à faire la connaissance d'un personnage haut en couleur.

Condamnée en 2009 à deux reprises à de la prison avec sursis pour trafic de chiens, Elina Mercader a été tour à tour escort-girl, voyante et éleveuse de molosses, à lire le portrait que brosse d'elle Brigitte Piquet-Pellorce[6], l'ex-cheffe de la cellule antitrafic de la SPA. Décrite par cette dernière comme une ancienne

5. Entre la place du Châtelet et le pont Neuf, sur la rive droite de la Seine, le quai de la Mégisserie abrite les plus anciennes animaleries de Paris.

6. Brigitte Piquet-Pellorce, *Dans l'enfer du trafic animal*, Chamalières, éditions Christine Bonneton, 2022.

skinhead d'extrême droite devenue éleveuse, Elina a donc été condamnée pour avoir importé comme les autres des chiots de Slovaquie et les avoir fait pucer à leur arrivée en France par un vétérinaire peu regardant.

Point commun à toutes ces affaires : la Slovaquie, la Hongrie et la République tchèque apparaissent comme de grandes pourvoyeuses de chiots de contrebande et leur adhésion à l'Union européenne en 2004, en supprimant les contrôles aux frontières, a facilité les choses. « Dans les pays de l'Est, de nombreux élevages font de la reproduction intensive dans des conditions terribles. Les chiennes mettent bas à la chaîne, les chiens, maltraités, sous-nourris, vivent en cage dans le noir », témoigne Franck Verger.

« Les chiens rapportent plus que les femmes »

Femme de caractère, intrépide, Brigitte Piquet-Pellorce reste marquée par ses visites incognito d'« usines à chiots » d'Europe de l'Est. « Je me faisais passer pour la propriétaire d'une animalerie, raconte l'ancienne marionnettiste de sa voix grave de fumeuse. Je ne suis pas peureuse, mais les éleveurs avaient l'air de mafieux. J'ai vu des armes. Un jour, l'un d'eux m'a dit que les chiens rapportaient plus que les femmes[7]. »

Dans la région de Bratislava, en 2005, « j'ai vu un élevage de 150 reproductrices de toutes races entassées

7. Entretien avec l'auteur le 23 mai 2024.

dans un hangar crasseux, au sol imbibé d'urine, décrit-elle. Les chiots n'étaient pas vaccinés contre la rage ni protégés par les anticorps de leur mère, ce qui provoquait énormément de maladies et des troubles du comportement. Ils passaient ensuite les frontières, munis de faux papiers, avec une facilité déconcertante. »

Vingt ans plus tard, le business est toujours aussi florissant. Dans une proposition de règlement européen, on découvre en effet que l'action coordonnée de l'UE sur le commerce illégal de chiens et de chats menée en 2022 et 2023 a rassemblé les « preuves de l'existence d'un volume important de faux documents, d'informations trompeuses et de camouflage de mouvements de chiens » et a permis « de détecter un trafic illégal de chiens et de chats en provenance de Russie et de Biélorussie[8]. »

Bien que la loi sur la santé animale de 2021 ait durci les règles sanitaires et de traçabilité des animaux, les filières internationales de contrebande fonctionnent à plein régime. Aujourd'hui, « 50 000 chiens par an sont importés illégalement en France », estime Franck Verger. Au prix moyen de 800 euros l'animal, le marché national serait de l'ordre de 40 millions d'euros par an. À l'échelle européenne, il avoisinerait le milliard d'euros.

---

8. *Proposition de règlement 2023/0447 du Parlement et du Conseil européen relatif au bien-être des chiens et des chats et leur traçabilité*, Bruxelles, le 7 décembre 2023.

« Ces dernières années, la vente de chiens et de chats se développe de plus en plus sur les plateformes en ligne et les médias sociaux, indique le texte de la Commission de Bruxelles. Un grand nombre d'annonces publiées sur ces plateformes proposent des animaux qui ne proviennent pas d'éleveurs responsables, mais d'éleveurs ou d'animaleries soupçonnés d'être en situation illégale. »

Ce que confirme une enquête publiée en mars 2025 par la Fondation 30 millions d'amis. Malgré l'interdiction entrée en vigueur en France en 2024 de vendre des chiots en animalerie, la loi est allègrement bafouée. Des animaux cachés dans les sous-sols ou l'arrière-boutique des magasins sont proposés à la vente en ligne via le système du « click & collect ». Les transactions s'effectuent sur le site de l'animalerie, des sites spécialisés comme chiots.com ou sur des plateformes comme Leboncoin[9] et les clients peuvent ensuite simplement récupérer leur chiot chez le commerçant. Un simple coup de fil dans une animalerie parisienne aura d'ailleurs suffi à l'auteur pour se voir proposer de venir récupérer en boutique un bichon maltais de quatre mois vendu 1 990 euros.

9. Sollicité, Leboncoin nous précise que tout professionnel vendeur sur la plateforme doit être enregistré sur la BNO (base des opérateurs). Sans ce numéro, ils ne peuvent pas vendre sur Leboncoin. « À notre connaissance, précise le site, l'opérateur du ministère ne délivre pas de numéro aux animaleries. »

Des réseaux de contrebande ont adopté le même système mais, au lieu d'aller chercher l'animal dans une animalerie, vous prenez rendez-vous avec le vendeur sur un parking de supermarché ou dans la rue. Dans la catégorie « chiens de salon », un spitz teacup se vend au marché noir entre 2 500 et 3 000 euros, un bouledogue anglais 2 000 euros. « Cela marche bien parce que l'animal est disponible immédiatement, indique Franck Verger. Sinon, il faut attendre six mois pour se procurer un chien d'une race en vogue, comme un berger australien, chez un éleveur homologué. Alors, même si c'est cher, les clients ne se posent pas de question. »

Chaque filière a ses spécialités. « La Russie et la Biélorussie ne fournissent que des chiens à pedigree de grande valeur, décrypte l'enquêteur de la BNEVP, les éleveurs hongrois et slovaques font plutôt de l'abattage. Si vous tapez "bichon maltais" sur Leboncoin[10], très souvent, ce sera un chien importé de Roumanie vendu contre de l'argent liquide par une personne parlant à peine français. »

Franck Verger n'est pas le seul à faire la chasse aux trafiquants. La cellule antitrafic de la SPA, composée

10. Leboncoin nous indique qu'un bandeau d'information est systématiquement intégré dans le corps des annonces pour accompagner les familles d'accueil dans l'adoption d'un chiot. Par ailleurs, le site collabore avec les associations professionnelles de vétérinaires et est en lien avec le ministère de l'Agriculture pour la vérification du puçage et des numéros d'identifications des animaux de compagnie.

d'anciens policiers et gendarmes, assiste les forces de l'ordre. « Nous partons de signalements qui nous parviennent ou d'annonces suspectes sur Internet, explique Alain Pélissier, ex-adjudant de gendarmerie. Quand on a détecté un éleveur clandestin, on se rend sur place en se faisant passer pour des clients. Il faut être prudents, car ces gens-là sont très méfiants[11]. » Lui aussi décrit un trafic extrêmement juteux.

Des pitbulls sur Facebook ou WhatsApp

Dans les quartiers sensibles, les chiens de défense de type american bully, malinois ou doberman serbe aux oreilles coupées font un tabac. « Les pitbulls, chiens d'attaque de catégorie 1 interdits en France, s'échangent sur Facebook ou WhatsApp par l'intermédiaire de groupes fermés presque impossibles à pénétrer », révèle l'enquêteur de la SPA.

Les revendeurs de ces chiens proposés sur un coin de trottoir ou sur Internet, sans papiers, ni puce, ni tatouage, ni vaccin appartiennent, selon l'ancien gendarme, « à des filières structurées mises sur pied par des gens du voyage. Ils s'approvisionnent dans des élevages clandestins en Bulgarie ou ailleurs et font venir les chiens illégalement. La criminalité organisée s'est emparée de ce trafic qui brasse énormément d'argent ».

11. Entretien avec l'auteur le 23 novembre 2023.

Aux élevages clandestins et aux importations illégales de chiots depuis les pays de l'Est, le marché noir des chiens de compagnie a ajouté une autre source d'approvisionnement. Les sommes en jeu sont telles qu'elles ont en effet donné naissance à des gangs spécialisés dans le trafic de chiens qui écument aujourd'hui la France.

Selon les derniers chiffres d'associations comme Waf, qui vient en aide aux victimes de vols de leur compagnon à quatre pattes, ou la Brigade de protection animale, composée de gendarmes et de policiers bénévoles, quelque 75 000 animaux seraient dérobés chaque année en France. Passible en principe de trois ans d'emprisonnement et de 45 000 euros d'amende, un vol serait commis toutes les huit minutes dans l'Hexagone !

Après avoir été repérés lorsque leur propriétaire les promène, les chiens les plus demandés sont kidnappés soit directement dans la rue, soit au cours de cambriolages ciblés puis revendus parfois plusieurs milliers d'euros sur Internet. Ils alimentent les réseaux de combats de chiens, les filières clandestines de reproduction, voire les gangs de narcotrafiquants qui se servent de bergers allemands, de rottweilers ou de pitbulls pour protéger leurs points de deal.

Ces dernières années, Franck Verger a vu le profil des contrebandiers évoluer. « Auparavant, les trafics étaient le fait de professionnels de l'élevage ou du commerce de chiens qui, par appât du gain, avaient versé dans l'illégalité. Désormais, ils sont aux mains de véritables voyous.

Récemment, dans un dossier de trafic de chihuahuas, nous avons eu affaire à un ancien légionnaire hongrois, fiché pour escroquerie. Il était couvert de tatouages nazis. Pas vraiment un enfant de chœur. »

En 2020, l'agent de la BNEVP croise la route d'un malfrat du même calibre. Cette année-là, il participe au démantèlement dans l'Est de la France d'un important trafic de chiots non pucés, importés de Hongrie. Achetés sur les bords du Danube environ 200 euros chacun, ils étaient revendus en France de 800 à 1 200 euros sur Leboncoin.

L'affaire part d'un banal contrôle routier. Au volant d'une Audi RS4, véhicule souvent utilisé dans les *go fast* du trafic de drogue, Hakim B. attire l'attention des gendarmes de Sarreguemines. « Son train de vie ne correspondait pas aux revenus déclarés, il avait aussi une Lamborghini. Pour les gendarmes, c'était forcément un gros dealer », confie Franck Verger. L'homme est mis sur écoute mais, dans ses conversations, il n'est jamais question de drogue, seulement de chiens. « Ils m'ont aussitôt appelé. En perquisitionnant chez lui, on a trouvé 71 chiots fraîchement importés et le nom du vétérinaire, rencontré autour de tables de jeu, qui lui fournit les puces d'identification. »

Voyou chevronné, « Hakim B. utilisait une technique en vogue chez les malfrats pour blanchir l'argent du trafic, raconte Franck Verger. Il repérait dans les bars-tabacs les gagnants aux jeux de grattage, leur rachetait en espèces leurs tickets gagnants moyennant un bonus, encaissait les gains, et le tour était joué. C'est le signe que l'on est vraiment là dans le milieu mafieux ». Il sera condamné à huit mois de prison ferme.

Le nouveau profil des trafiquants a rendu le métier plus dangereux. « Il y a déjà eu des menaces contre des agents de la brigade[12] », glisse Jean-Blaise Davaine, le numéro 2 de la BNEVP. Infiltré par les groupes criminels, « le trafic de chiens pose aussi un vrai problème de santé publique, s'inquiète Franck Verger. Vous avez un risque de transmission de la rage ou de la brucellose canine, endémique en Biélorussie, en Russie et en Roumanie. Les Britanniques ont déjà signalé un cas de chien malade importé des pays de l'Est qui a transmis sa maladie à l'homme. Les autorités sanitaires sont très vigilantes ».

Taylor Swift et Game of Thrones

Le risque est d'autant plus grand que les trafics évoluent sans arrêt, passant d'une espèce à l'autre au gré des modes dictées par les influenceurs et les *people*. « Le chihuahua avait été mis à la mode par Paris Hilton, il est en train de redevenir tendance avec la série policière de TF1 *Will Trent* dont le héros en possède un, illustre Franck Verger. Pour les chats, tout le monde veut le même scottish fold que la chanteuse Taylor Swift. »

12. Entretien avec l'auteur le 6 mai 2024.

Plus surprenant, la série *Game of Thrones*, dans laquelle les enfants de la famille Stark sont protégés par des loups géants, a mis à la mode un animal de compagnie très particulier : les loups hybrides, fruits de croisements entre loups et chiens domestiques. Leur détention est soumise à un feu vert préfectoral à l'exception des chiens-loups tchèques et de Saarloos, croisement d'un berger allemand et d'une louve des Carpathes pour les premiers et d'une louve sibérienne pour les seconds. Tous deux sont reconnus comme des chiens domestiques par la Fédération cynologique internationale.

Avec des tarifs de chiots de loups hybrides pouvant aller de 900 à près de 2 000 euros, on comprend mieux pourquoi des élevages spécialisés, parfois peu regardants sur la réglementation, ont proliféré. « C'est un truc de fou, s'étonne Franck Verger. Des éleveurs croisent des loups gris avec des chiens inuits du Nord ou des malamutes d'Alaska pour les faire grossir et ressembler aux loups géants de la série. »

Dans les banlieues, les félins continuent d'avoir du succès. Un clip du rappeur Lacrim, impliqué en 2020 dans une affaire de trafic de deux lionceaux finalement abandonnés près d'un parc animalier, le met en scène avec un lion. Il n'a jamais été poursuivi. Associé aux codes virilistes des cités, « le trafic de félins est encouragé aussi par des petites stars du foot ou de la téléréalité, s'insurge Aline Maatouk, en charge de la faune sauvage à la fondation Brigitte-Bardot. Ils s'expatrient à Dubaï, par exemple, où la législation sur la détention d'animaux sauvages est plus souple, et se prennent en photo sur les réseaux sociaux avec leur félin[13]. »

Moins prudent, un homme s'était fait interpeller en 2018 sur les Champs-Élysées au volant de sa Lamborghini avec à ses côtés un lionceau, baptisé Poutine, dont le prix peut atteindre 15 000 euros au marché noir. De quoi donner des idées aux trafiquants.

Ainsi, la « Reina de la jungle », une Toulousaine d'une vingtaine d'années, avait monté un véritable réseau international de trafic de félins avant d'être arrêtée, fin 2022. Sur son compte Instagram défilaient les photos de félins importés illégalement d'Espagne ou de Pologne.

« On a découvert récemment dans un hangar de Marseille une lionne de trois mois qui servait à des photos sur Instagram, rapporte Fabrice Gayet, douanier dans la cité phocéenne. Elle a été transférée dans une réserve sud-africaine où elle coulera une retraite heureuse en semi-liberté[14]. »

Les cirques dans le collimateur

Les histoires ne finissent pas toutes aussi bien. Avant que les lions deviennent adultes et totalement ingérables, certains propriétaires les tuent pour revendre la peau, la crinière et les griffes, quand ils ne les abandonnent

13. Entretien avec l'auteur le 14 novembre 2023.
14. Entretien avec l'auteur le 27 juin 2024.

pas tout bonnement dans la rue. « On a eu le cas de jeunes tigres retrouvés au pied d'un immeuble d'une cité du Val-d'Oise », s'offusque Aline Maatouk.

En bonne place parmi les filières dans le collimateur de la justice, les fauves de cirques itinérants. « La loi de 2021 sur la protection animale leur a interdit les spectacles avec animaux à partir de 2028 mais les a autorisés à continuer la reproduction de tigres et de lions jusqu'en décembre 2023. La crainte est qu'ils en profitent pour alimenter les trafics », soupçonne Aline Maatouk. Les espèces hybrides comme les ligres, croisement entre une tigresse et un lion, présentent l'avantage pour les cirques qui veulent les vendre d'être une catégorie moins protégée que les autres fauves.

« Les cirques sont souvent à l'origine des trafics, confirme Fabrice Gayet des douanes de Marseille. Je ne les mets pas tous dans le même panier, ils ne le font sans doute pas de gaîté de cœur, mais certains, aux abois, vendent leurs fauves à la naissance alors que c'est interdit. »

À l'occasion de la condamnation du dresseur de tigres Mario Masson en 2022 pour mauvais traitements, « le procès a montré l'ampleur des trafics de bébés tigres[15] », affirme Muriel Arnal, la présidente de l'association de défense des animaux One Voice.

15. Entretien avec l'auteur le 26 octobre 2023.

Chats sauvages et félins aux allures de lynx

Après les bébés de grands fauves, les trafiquants profitent aujourd'hui de l'engouement en France pour des félins d'un nouveau genre. Le serval, magnifique chat sauvage au pelage tacheté de noir, et le caracal, un félin aux allures de lynx, sont deux espèces protégées originaires des savanes africaines qu'il est interdit d'avoir chez soi mais qui déchaînent les passions. Le rappeur Gims avait provoqué un tollé en 2023 en se filmant donnant le biberon à un bébé caracal, au risque d'inciter ses fans à l'imiter, et donc d'encourager les trafics.

La demande explose aussi pour les croisements de servals et de caracals avec des chats domestiques, pratiqués au départ aux États-Unis avant de faire leur apparition en Europe. Mi-fauve, mi-chat, le savannah et le caracat, dont la détention est très strictement encadrée, restent des animaux sauvages qui peuvent faire de gros dégâts dans un appartement.

« L'essentiel du trafic porte sur le serval[16] », souligne néanmoins Jean-Christophe Gérard, vétérinaire et vice-président de Tonga Terre d'accueil, un refuge qui tire son nom du premier occupant des lieux, un hippopotame libéré du cirque Zavatta où il était maltraité. Bâti en 2009 à côté du zoo de Saint-Martin-la-Plaine, dans

16. Entretien avec l'auteur le 11 juin 2024.

le Rhône, c'est l'un de ceux habilités à recueillir les animaux saisis par la justice.

« Il s'agit bien de trafic organisé, souligne le vétérinaire, car les animaux, équipés de fausses puces électroniques, sont déclarés comme chat d'Abyssinie, chat léopard ou mau égyptien, et non comme serval. Ils viennent d'élevages clandestins de République tchèque ou de Biélorussie. Les chatons sont facilement ramenés en train car les douaniers ne font pas la différence entre les espèces de chats. Nous savons qu'il existe aussi des élevages clandestins chez nous, en France. »

Les sommes en jeu attisent les convoitises. Un serval ou un caracal vaut entre 4 000 et 10 000 euros, un chat savannah jusqu'à 15 000 euros. Malgré ces prix exorbitants, le trafic ne cesse d'enfler, les saisies judiciaires se multiplient et les refuges sont débordés. Ces deux dernières années, Tonga Terre d'accueil a accueilli une trentaine de servals et en a refusé une dizaine faute de place.

D'autres espèces sauvages capturées pour être vendues comme animaux de compagnie font l'objet d'un trafic juteux. Au premier rang d'entre eux trône le chardonneret élégant, braconné à la fois pour la beauté de son chant et pour son plumage coloré. Ses aficionados sont prêts à payer des fortunes pour s'en procurer. Quant au succès du perroquet gris du Gabon, autre oiseau star des réseaux de contrebande, il est tel que l'oiseau est désormais en voie d'extinction.

CHAPITRE 13

L'IMPITOYABLE CHASSE AUX OISEAUX CHANTEURS

Dans la petite cité pavillonnaire de Grabels, au nord de Montpellier, une allée bordée de lauriers-roses mène à une discrète villa aux murs blancs. Sur le portail de l'entrée, les lettres OFB signalent que les lieux abritent l'antenne régionale de l'Office français de la biodiversité. Vêtu de l'uniforme réglementaire de l'OFB, pantalon et polo gris clair orné de la cocarde tricolore de la police de l'environnement, Laurent Rétière nous accueille avec un large sourire. Grand, le bouc impeccablement taillé, il est le coordinateur en Occitanie de la traque aux trafics d'espèces protégées.

Son bureau a des allures d'annexe du Muséum d'histoire naturelle. Dents de requin, fleurs de corail, queue écaillée de pangolin… Animaux ou objets issus d'espèces protégées et placés sous scellés s'entassent dans une armoire vitrée. Dans un coin, un moineau empaillé, une cocarde rouge sang autour du bec, les ailes striées d'or et la queue tachetée de blanc, fixe le visiteur de ses yeux marron.

Voici le *Carduelis carduelis*, plus connu sous le nom de chardonneret élégant, surnommé ainsi en raison de son plumage chatoyant et de son chant mélodieux. Autrefois répandu de l'Afrique du Nord à l'Oural, il est aujourd'hui classé sur la liste rouge des espèces vulnérables par l'UICN. En France, depuis 2009, le Code de l'environnement interdit strictement de l'acheter, de le posséder et de le vendre s'il a été capturé dans son milieu naturel. C'est un délit passible de trois ans de prison et 150 000 euros d'amende depuis la loi Biodiversité de 2016. Pourtant, le gracieux volatile reste l'une des proies préférées des braconniers.

« Au Maghreb et dans les pays du Bassin méditerranéen comme en France, où sa population a diminué de plus de 40 % en dix ans, il fait l'objet d'une chasse intensive[1] », affirme Laurent Rétière. Dans les parcs et les jardins, les bois, les zones humides ou les friches bordant les grandes villes, l'oiseau chanteur est braconné l'hiver, quand il migre vers le sud, ou au printemps. On le chasse le plus souvent « à la glu », en enduisant de colle les branches où il perche ou des bâtonnets parsemés de graines de chardon dont il raffole, et auxquelles il doit son nom. Il est également piégé en plein vol par de grands filets au maillage fin, dit « filets japonais », dressés à la verticale entre

1. Entretien avec l'auteur le 15 juillet 2024.

deux arbres. Enfin, les braconniers utilisent des cages à bascule. L'animal est attiré par le cri d'oiseaux captifs servant d'appât ou le chant enregistré de ses congénères vers ces boîtes-pièges grillagées dans lesquelles il tombe, sans possibilité d'en échapper.

Particularité locale, les chasseurs de l'Hérault attrapent les oiseaux en plein champ. « Dans la région, de grands semenciers plantent du tournesol dont les graines sont vendues aux agriculteurs. Ces cultures sont recouvertes d'immenses filets pour les protéger de la voracité des oiseaux. Des contrebandiers découpent ou soulèvent ces filets pour laisser entrer les oiseaux, qu'ils n'ont plus qu'à capturer », explique Laurent Rétière.

Lucratif marché noir

Une fois en cage, le précieux passereau d'une vingtaine de grammes se vend sous le manteau de 30 à 150 euros l'unité, voire de 500 à 1 000 euros pour les spécimens les plus exceptionnels. Il suffit de flâner dans les allées du marché aux puces de Marseille pour s'en procurer assez facilement.

Le célèbre marché aux oiseaux de l'île de la Cité, à deux pas des tours de Notre-Dame de Paris, était un autre haut lieu de ce commerce illégal jusqu'à sa fermeture fin 2022, décidée notamment pour mettre fin à ce trafic. Les surveillances mises en place en 2021 par l'OFB et les douanes dans le milieu des oiseleurs parisiens ont effectivement conduit, deux ans plus tard, au démantèlement d'un vaste réseau international de trafiquants. Les perquisitions ont permis aux enquêteurs de saisir des dizaines de chardonnerets et de découvrir en proche banlieue parisienne une véritable boutique clandestine où des oiseleurs venaient s'approvisionner.

Avec l'étalement urbain et les pratiques agricoles, l'usage excessif des pesticides et le recul des prairies, le braconnage effréné du chardonneret a provoqué l'effondrement des populations. Il continue néanmoins à alimenter un marché noir prospère – entre 2021 et 2023, sur 1 000 oiseaux saisis par l'OFB, 80 % étaient des chardonnerets –, d'autant plus lucratif que la demande reste forte pour ce passereau multicolore à la voix d'or, qu'il est extrêmement difficile de faire se reproduire en captivité.

Posséder un chardonneret élégant, une tradition ancestrale

Cet engouement remonte à loin. Le moineau aux vocalises tantôt gaies, tantôt mélancoliques, fascine les hommes depuis des siècles. Apprécié comme oiseau d'apparat dans la Rome antique, par les conquérants perses, les princes ottomans et à la cour des rois de France, il est doté d'un chant inimitable qui aurait inspiré les rythmes de la musique andalouse.

« Le chardonneret est traditionnellement un oiseau porte-bonheur en Afrique du Nord, en Italie, en Espagne et au Portugal, rappelle Laurent Rétière. Une tradition très ancienne, puisque l'on trouve des madones au chardonneret dans les tableaux de la Renaissance. »

La singulière histoire d'amour entre l'homme et l'oiseau s'est prolongée jusqu'à nos jours. Bien ancrée dans le Midi, la tradition d'en détenir un ou deux chez soi est aussi vivace dans le Nord et l'Est de la France. « C'est lié historiquement aux mines de charbon, explique le fonctionnaire de l'OFB. Le chardonneret servait non pas à alerter les mineurs des coups de grisou, rôle dévolu aux canaris, mais à faire des croisements avec les canaris afin d'obtenir des hybrides au chant et au plumage les plus beaux possible. » Des croisements sont aussi opérés avec le tarin des aulnes ou le serin Cini.

De l'autre côté de la Méditerranée, en Algérie en particulier, comme pour les immigrés maghrébins en France, le chant du *maknine* est tout à la fois un marqueur social et un remède à la mélancolie ou au mal du pays[2]. Un symbole de liberté, aussi. Devenue un classique du répertoire chaâbi, le fado algérien, la chanson *Ya makninize ezzine* (« Ô joli chardonneret »), composée en prison par le poète indépendantiste Mohamed El Badji, a résonné lors de la guerre d'Algérie et, plus tard, contre le régime autocratique du FLN.

Aussi recherché sur les pentes de la casbah d'Alger, dans les ruelles du quartier du Panier à Marseille, de La Paillade à Montpellier que dans les rues pavées

2. Lire à ce sujet Seham Boutata, *La Mélancolie du maknine*, Paris, Seuil, 2020.

des anciennes cités minières du Nord, le chardonneret est la cible d'un double trafic. « Des particuliers en veulent un chez eux et des passionnés font de l'hybridation », explique Laurent Rétière. Fréquentés par les connaisseurs, les concours de chant et de beauté organisés à travers l'Europe font s'envoler le prix des vainqueurs.

En décembre 2023, l'OFB a ainsi arrêté près de Lyon un individu qui, après avoir capturé les chardonnerets, les enfermait dans des « boîtes à chanson » avant de les présenter à un concours en Espagne. Dans le même but, des passionnés leur font écouter des enregistrements musicaux en boucle, ou confient à un autre chardonneret, le « maître chanteur », le soin d'améliorer les performances lyriques de ses « élèves ».

Cette faculté du chardonneret à apprendre des chants nouveaux et à rendre plus gracieux le gazouillis des autres oiseaux chanteurs fait partie intégrante de l'attrait qu'il exerce. Elle explique aussi pourquoi le moineau au plumage bariolé est si convoité, bien plus que ne l'ont jamais été le verdier d'Europe, le sizerin flammé, le bouvreuil pivoine ou la linotte mélodieuse.

Des « dealers » reconvertis dans le « chardo »

Pour répondre à la demande des nombreux amateurs, ce trafic florissant a attiré un nouveau profil de revendeurs à la sauvette, des « dealers » qui se sont diversifiés dans le « chardo ». En témoigne la dernière grosse affaire traitée par Laurent Rétière. Il nous montre une boîte percée de trous dans laquelle les braconniers dissimulaient les chardonnerets.

« En novembre 2020, on les a pris en flagrant délit, en train d'en capturer dans un parc de Pérols, au sud de Montpellier. On a relevé leur identité puis on a choisi de les laisser partir lorsqu'on a compris que l'un d'eux était déjà apparu dans une enquête conjointe de l'OFB et des douanes de Marseille. Il avait dans ses valises des chardonnerets ramenés d'Algérie. »

Un membre de la bande est identifié, reste à coincer les autres. Une enquête préliminaire est ouverte. « On exploite les fadettes[3], confie l'enquêteur, on voit où leurs téléphones bornent et on géolocalise leurs déplacements. » Quelque temps plus tard, la police de Montpellier contacte l'OFB. Sur la piste de voleurs de colis dans les boîtes aux lettres, les policiers se sont aperçus qu'ils piégeaient des chardonnerets à la glu. C'est la même équipe. En croisant leurs informations et leurs moyens, les enquêteurs bouclent rapidement l'affaire. En février 2021, des perquisitions sont menées aux domiciles des braconniers mis en garde à vue. « On avait face à nous un délinquant déjà condamné, un toxicomane qui vendait des chardonnerets pour se payer ses doses, et un clandestin qui avait besoin d'argent pour survivre, résume l'agent de l'OFB. Ils vendaient

3. Relevés d'appels téléphoniques ou de SMS fournis aux enquêteurs sur réquisition d'un juge.

les oiseaux aux clients auxquels ils refourguaient de la drogue. »

Un revenu annexe non négligeable. « Ils capturaient une dizaine de chardonnerets par mois, qu'ils écoulaient entre 30 et 50 euros chacun à Montpellier et un peu à Marseille », rapporte Laurent Rétière. L'un des braconniers s'adonnait également à la technique plus délicate du « dénichage », volant les œufs dans les nids pour élever les oisillons et les revendre, adultes, une centaine d'euros pièce sur Snapchat et Facebook. À ce tarif, un chardonneret rapporte autant que la résine de cannabis.

Deux ans ferme pour « le Balafré »

À leur procès à l'automne 2021, Zaïd Y. et Mohamed B., plaideront leur passion immodérée pour l'oiseau chanteur, le chef de la bande n'hésitant pas à faire admirer à la présidente du tribunal le chardonneret tatoué sur son avant-bras. Accusés de s'attaquer à une espèce protégée, ils sont condamnés à six mois ferme pour le premier et à de la prison avec sursis pour le second.

L'histoire ne s'arrête pas là. « En garde à vue, raconte Laurent Rétière, Mohamed B. a lâché le nom du plus gros trafiquant de chardonnerets de Montpellier. » L'homme, surnommé « le Balafré », répertorié au TAJ, le fichier des antécédents judiciaires, est un dealer reconverti dans le chardonneret. « Nous, on est des petits joueurs, lui ne vit que de ça », a confié Mohamed B. aux enquêteurs.

En février 2022, l'OFB et la police nationale interpellent le Balafré. Laurent Rétière se souvient bien de son arrestation. « Nous nous étions rendus chez lui en force parce qu'il était aussi fiché pour des faits de violence. En fouillant son téléphone et ses messages WhatsApp, nous avons mis en évidence un trafic de plusieurs centaines de chardonnerets sur deux ans. »

Laissé en liberté avant son procès, le Balafré va de nouveau se faire prendre en train de capturer des chardonnerets à la glu avec son fils, âgé d'une dizaine d'années. Ulcéré par son comportement, le tribunal de Montpellier le condamne en novembre 2022 à dix-huit mois de prison ferme, peine portée, en appel cinq mois plus tard, à deux ans ferme. C'est la sanction la plus sévère jamais prononcée en France dans une affaire de trafic d'oiseaux. « Nous étions à la fois extrêmement satisfaits et très surpris par la décision de la juge, qui est allée au-delà des réquisitions, confie Laurent Rétière. Deux ans ferme, c'est ce que prennent les trafiquants de drogue importants. » La sévérité inédite du tribunal contre le braconnier n'a d'ailleurs pas échappé aux policiers de Montpellier.

« Nos collègues des stups étaient ébahis par le jugement. Ils se sont aperçus qu'avec des peines aussi sévères, ils pouvaient faire tomber de gros dealers pour ce type de motif. Rien ne les empêche, se sont-ils dit, d'ouvrir une enquête pour trafic de chardonnerets avant de basculer en cours d'instruction vers du trafic de stupéfiants. »

Dans la foulée du verdict de Montpellier, les juges n'hésitent plus à sanctionner lourdement les trafiquants de chardonnerets élégants. Dernier exemple en date : le 9 janvier 2025, à la suite d'une longue enquête de l'OFB, le tribunal correctionnel de Clermont-Ferrand a infligé une peine de dix-huit mois de prison, dont huit ferme avec mandat de dépôt immédiat, à un homme de 47 ans coupable de vols en série.

Filières internationales

La France n'est pas le seul pays touché par ce trafic particulier d'une espèce protégée. Comme pour la drogue, les enjeux financiers sont tels que les réseaux s'appuient désormais sur des filières internationales. À en croire le WWF[4], des milliers d'oiseaux chanteurs sont capturés en Croatie, Hongrie, Pologne et Roumanie pour être exportés vers l'Italie ; avant la guerre contre la Russie, ils étaient expédiés d'Ukraine vers le Moyen-Orient.

En Europe, la Belgique est au carrefour d'une incessante contrebande transfrontalière, une situation dont le WWF rejette la faute sur une législation « laxiste ». Depuis 2003, la réglementation belge permet en effet

4. WWF, "Uncovering the Invisible: Successes and Challenges for Wildlife Crime Prosecution in Europe", rapport, 2023.

aux amateurs de posséder un chardonneret acheté dans un élevage et dûment bagué. Sauf que les braconniers contournent les règles en équipant les oiseaux de fausses bagues, difficiles à détecter. Après un détour par la Belgique, des chardonnerets détenus illégalement sont revendus sous le manteau en France.

« Il existe aussi un axe fort de trafic entre la Belgique et l'Italie où ont lieu de grandes bourses aux oiseaux d'ornement, ajoute Fabrice Gayet, membre des garde-côtes des douanes, spécialiste des espèces protégées. Avec les services sanitaires, nous contrôlons les déplacements qui transitent par la France au moment de ces événements car il y a un risque d'épizootie[5], les oiseaux pouvant être porteurs de la grippe aviaire[6]. »

Autre itinéraire identifié par Fabrice Gayet, des chardonnerets capturés au Maghreb ravitaillent le marché noir de ce côté-ci de la Méditerranée. « Le braconnage a été si intensif que le chardonneret a quasi disparu à l'état sauvage en Algérie et en Tunisie. Mais il continue d'en arriver à Marseille, sans doute en provenance d'élevages clandestins. Ils sont ramenés en voiture par la famille ou par des “mules”. Il y a des tentatives de faire passer les oiseaux en avion par Nice mais la mortalité

5. Équivalent chez les animaux de l'épidémie chez l'homme, une épizootie désigne une maladie qui se transmet rapidement au sein d'une espèce ou d'une espèce à l'autre. Les plus connus sont l'encéphalite spongiforme bovine (la « maladie de la vache folle »), la fièvre aphteuse et la grippe aviaire.

6. Entretien avec l'auteur le 27 juin 2024.

est très élevée car les chardonnerets sont extrêmement sensibles au stress. »

Au point de départ de ces trafics entre les deux rives de la Méditerranée, le Maroc, où subsistent des colonies importantes de chardonnerets. « En 2020 et 2021, deux camions, remplis l'un de 5 000 et l'autre de 2 600 chardonnerets, y ont été interceptés. À ce stade, on a vraiment affaire à de la criminalité en bande organisée », observe Laurent Rétière qui a vu naître, dans l'autre sens, une nouvelle filière approvisionnant le Maghreb depuis la France. « Les braconniers passent par l'Espagne, qui est devenue la plaque tournante du trafic avec l'Afrique du Nord. »

Pour rentabiliser le voyage, les voitures chargées d'oiseaux à l'aller reviennent en France le coffre rempli de cigarettes de contrebande et d'autres marchandises plus insolites. « Quand on cible les véhicules de trafiquants de tabac débarquant du ferry, raconte Fabrice Gayet, on trouve souvent cachés au fond de l'habitacle des tortues, des petits singes, des varans, des lézards fouette-queue, des scorpions… » Bref, tout le bestiaire des espèces recherchées, avec une mention particulière pour le perroquet de Jaco, le fameux gris du Gabon.

Le gris du Gabon, autre star de la contrebande

Aux côtés du chardonneret, ce perroquet au plumage gris cendre agrémenté d'une queue rouge est l'autre oiseau star des trafics qui franchissent la Méditerranée.

Réputé pour son intelligence et son incroyable bavardage, le gris du Gabon a connu le même sort que le moineau chanteur. Dans les forêts tropicales d'Afrique de l'Ouest, il a été tant chassé qu'il est aujourd'hui en voie d'extinction. Il est donc interdit de l'acheter ou de le vendre.

Pourtant, « on continue d'en saisir au port de Marseille ou de Sète. Ils sont remontés d'Afrique en passant par le Maghreb », indique Fabrice Gayet. Beaucoup meurent lors du voyage éprouvant entre Libreville ou Kinshasa et la France. Tout cela pour finir filmés sur Instagram ou TikTok par leurs nouveaux propriétaires, qui vantent leur joie de vivre et leur inégalable don d'imitation.

Une fois débarqués sur le sol français, les perroquets, achetés entre 100 et 200 euros dans les rues de Douala au Cameroun ou de Libreville au Gabon, sont revendus à la sauvette jusqu'à 2 000 euros par des réseaux de revendeurs ou font l'objet d'un commerce illicite sur Internet. L'explosion des trafics via des sites d'e-commerce a d'ailleurs amené l'OFB à s'initier aux techniques de *cybertracking* de la douane et à nouer des liens avec le Fonds international pour la protection des animaux (Ifaw) et la Ligue de protection des oiseaux (LPO) d'Allain Bougrain-Dubourg, dont les bénévoles traquent les petites annonces d'espèces protégées en ligne.

Preuve de la vigueur du trafic, il ne nous a fallu que quelques secondes pour dénicher sur paruvendu.fr un gris du Gabon de 2 ans, qui « parle et chante très bien », proposé à 1 200 euros par un vendeur de Martigues. « Sur Paruvendu ou Parrot4sale, il est facile de trouver des animaux protégés comme des tortues d'Hermann ou des perroquets Aca Macao[7] », confirme Mia Crnojevic-Cherrier, chargée de campagne à l'Ifaw. De son côté, assure-t-elle, Leboncoin.fr, l'une des principales plateformes de vente en ligne en France, « essaie d'appliquer la réglementation ».

En 2019, le site d'e-commerce, associé à l'Ifaw dans la lutte contre les trafics, a été l'un des premiers en Europe à proscrire toute vente d'espèces sauvages. Interdiction malheureusement trop facile à contourner. « Les sites d'e-commerce ont mis en place des contrôles automatiques par mot-clé qui suppriment les annonces suspectes, rappelle Fabrice Gayet, expert des espèces protégées aux douanes. Les fraudeurs ne vendent pas un perroquet mais une cage de perroquet. Ce sont des messages codés. » Sur Leboncoin[8], « des annonces parlent de perruches pour dissimuler les ventes illégales de gris du Gabon », ajoute Mia Crnojevic-Cherrier. On trouve le même type de stratagème dans le cas du chardonneret élégant, déguisé en canari.

---

7. Entretien avec l'auteur le 17 juin 2024.

8. Le site nous précise qu'« aujourd'hui, la vente d'animaux sauvages et de produits dérivés (os, ivoire) est désormais bannie sur Leboncoin. »

Plus simplement, puisque leur vente est interdite, les trafiquants prétendent qu'il s'agit d'un « don gratuit », qui cache évidemment une vente bien réelle. Une autre astuce consiste à proposer de prétendues variétés mutantes blanches, brunes, pastel ou isabelle, considérées comme domestiques et donc autorisées à la vente.

Bref, comme dans beaucoup d'autres domaines, les trafiquants ont toujours un ou deux trains d'avance.

CONCLUSION

Notre voyage sur les pas des enquêteurs des douanes, de la gendarmerie, de l'OFB, de la BNEVP ou de la répression des fraudes s'achève. Il nous a mené des pirates des mers aux tronçonneurs des forêts, des contrebandiers de pesticides aux trafiquants d'espèces sauvages, des escrocs aux aides à la rénovation énergétique à la mafia des déchets.

En France, comme partout ailleurs sur la planète, la délinquance environnementale a pris racine. L'explication est simple : aussi lucrative dans bien des cas que les « stups », elle est beaucoup moins sévèrement punie. La peine encourue pour du narcotrafic est de trente ans de prison, contre trois ans seulement pour un crime contre l'environnement, sept ans s'il est commis en bande organisée.

Illustration de la faiblesse des sanctions réellement prononcées : en juin 2024, un forestier qui avait abattu illégalement plus de deux cents chênes centenaires, d'une valeur inestimable, n'a écopé que de 6 000 euros d'amende.

À leur décharge, les magistrats, débordés, butent sur un obstacle de taille : « Leur livre de chevet, c'est le Code pénal. Or, la qualification pénale de crime contre l'environnement n'y figure pas[1] », explique Jean-Philippe Rivaud, avocat général à la cour d'appel de Paris et président de l'association française des magistrats pour la justice environnementale (AFMJE).

« Impression d'impunité »

Juger les atteintes à l'environnement relève donc du casse-tête. « Les magistrats doivent aller chercher les infractions dans le Code de l'environnement, le Code rural et de la pêche maritime, le Code forestier, le Code minier, etc. C'est un droit indigeste, mal écrit, tacle Jean-Philippe Rivaud. Il recense plus de 2 000 infractions dont 10 % à peine sont poursuivies parce qu'on ne sait pas où les trouver dans les textes. »

Avant même d'arriver au tribunal, un nombre record d'affaires sont classées sans suite. « En l'absence de procès, une impression d'impunité domine, alors même que la réprobation sociale, légitime, envers les atteintes à l'environnement ne cesse d'augmenter », déplore un récent rapport du parquet général de la Cour de cassation[2]

1. Entretien avec l'auteur le 9 novembre 2023.

2. Groupe de travail du parquet général près la Cour de cassation, « Le traitement pénal du contentieux de l'environnement », rapport, 7 décembre 2022.

piloté par François Molins, le plus connu des magistrats français depuis qu'il a conduit l'enquête sur les attentats terroristes du 13 novembre 2015 à Paris.

Dans les faits, seule la moitié des atteintes à l'environnement faisant l'objet de poursuites aboutit à une condamnation et, dans sept cas sur dix, la justice prononce des amendes trop faibles pour être dissuasives. Même pour les affaires les plus graves, « les peines d'emprisonnement restent rares, note le rapport Molins, elles sont en général assez courtes et assorties d'un sursis ».

Techniques spéciales d'enquête

Heureusement, le vent est en train de tourner. « Auparavant, les trafics d'animaux ou de déchets n'intéressaient pas grand monde, aujourd'hui c'est un sujet croissant de préoccupation de la société », souligne le colonel Ludovic Ehrhart, qui dirige l'Oclaesp. Parallèlement, les autorités ont compris qu'elles étaient face à une nouvelle forme de criminalité exigeant une réponse policière et judiciaire à la hauteur.

« À côté du banditisme traditionnel, des braquages, des stupéfiants, des extorsions de fonds, la gendarmerie a fait de la criminalité environnementale l'une de ses priorités », assure le général Sylvain Noyau. Plus que la police, restée cantonnée à la criminalité classique, « la gendarmerie a pris le sujet à bras-le-corps », confirme Jean-Philippe Rivaud.

Question de tradition. Héritière de la maréchaussée, « la gendarmerie a été, dès sa fondation aux XVIIIe siècle, la police des chemins, des bois, des déchets, rappelle le colonel Ehrhart. C'est dans l'ADN du gendarme de s'occuper d'environnement, d'autant qu'il intervient beaucoup en zone rurale. »

Dans la lutte contre l'écocriminalité, il faut néanmoins attendre 2004 pour voir naître l'Oclaesp, l'un des quatre offices centraux rattachés à la gendarmerie. « Au début, indique le colonel Ehrhart, il regroupait une trentaine d'agents spécialisés, aujourd'hui nous sommes 120 répartis dans dix détachements à Paris, en province et en Outre-mer. »

Pour les crimes contre l'environnement en bande organisée, la loi autorise désormais les forces de l'ordre à recourir aux moyens spéciaux d'enquête réservés jusqu'ici à la lutte contre le terrorisme et le grand banditisme. « Quand vous écoutez un suspect à son domicile, que vous avez recours à des informateurs ou que vous infiltrez des réseaux, forcément, vous êtes plus efficace », souligne le général Noyau.

Avec les douanes et son Office national antifraude, la gendarmerie est au cœur de la lutte contre la criminalité environnementale. Le dispositif repose aussi sur les 1 700 inspecteurs de l'OFB, violemment mis en cause par les agriculteurs et des responsables politiques, y compris dans leur légitimité à porter une arme. Inconcevable lorsque l'on sait que ces agents de la police de l'environnement dotés de pouvoirs de police judiciaire font régulièrement face à des braconniers et des contrebandiers armés.

Des enquêteurs spécialisés de la Répression des fraudes et de la BNEVP complètent le dispositif. Inconnue du grand public, cette dernière, qui compte une vingtaine de fins limiers vétérinaires ou agronomes de formation, traite pourtant d'affaires retentissantes comme le scandale des lasagnes à la viande de cheval ou l'affaire des steaks hachés contaminés par la bactérie E.coli. « Nous intervenons dès que l'on suspecte de la délinquance en bande organisée dépassant les frontières d'un département, d'une région ou même de la France[3] », précise Marie-Pierre Donguy, la patronne de la BNEVP.

Pour éviter une « guerre des polices » de l'environnement, chacun a balisé son territoire. « Là où la gendarmerie s'intéresse en priorité à l'aspect criminel des affaires, les douanes au contrôle des flux aux frontières et la BNEVP à la santé animale, ce qui nous anime avant tout, c'est le préjudice environnemental, résume Loïc Obled[4], ex-directeur général délégué police de l'OFB. Nos services sont complémentaires. »

Même volonté de ne pas piétiner les plates-bandes du voisin chez Marie-Pierre Donguy. « Nous sommes compétents dans les affaires de santé animale, de

3. Entretien avec l'auteur le 6 mai 2024.
4. Entretien avec l'auteur le 15 mai 2024. Loïc Obled a quitté ses fonctions à l'OFB le 20 septembre 2024.

protection des végétaux, de produits phytosanitaires et de sécurité sanitaire des aliments, mais pas dans celles portant sur les déchets et la faune sauvage, qui sont du ressort de l'OFB. »

Écocide

De la même façon, insiste-t-elle, « nous devons travailler avec la gendarmerie. Nous lui apportons notre expertise, elle nous apporte ses moyens d'investigation. Nous ne sommes pas des officiers de police judiciaire. Or, sans les perquisitions, les écoutes, les gardes à vue, nous ne pouvons pas à nous seuls démanteler des réseaux criminels. »

Voilà pourquoi les procureurs de la République cosaisissent en général plusieurs services, appelés à se prêter main-forte sur les mêmes enquêtes. En matière judiciaire, tous travaillent sous l'autorité de la justice, et les choses sont là aussi en train de bouger.

« Quand j'ai commencé en 1992 à traiter de criminalité environnementale, j'étais surnommé le "khmer vert", dit Jean-Philippe Rivaud, avec un sourire. Depuis, les mentalités ont évolué au sein de l'institution judiciaire sous la pression de l'opinion publique, de plus en plus sensible aux questions d'environnement. »

Un premier pas a été fait en 2004 avec la création à Paris, Lyon, Marseille, Lille, Bordeaux, Rennes, Nancy et Fort-de-France des juridictions interrégionales spécialisés, les Jirs, entièrement consacrées à la lutte contre le crime organisé. Les magistrats y interviennent notamment dans les affaires mêlant grand banditisme et atteintes à l'environnement.

Au sein de ces juridictions, les juges d'instruction sont moins débordés que leurs collègues de la section générale, littéralement submergés par les affaires de stupéfiants, homicides, cambriolages, viols, etc. Ils bénéficient de formations au droit complexe de l'environnement et travaillent avec des services de police eux-mêmes spécialisés. Un gage d'efficacité de la machine judiciaire.

En 2020, une nouvelle étape est franchie avec la création sur le territoire des trente-six cours d'appel de France d'un pôle régional environnement regroupant des procureurs et des juges affectés à la lutte contre la délinquance environnementale. Un an plus tard, la loi a renforcé les sanctions, qui peuvent aller jusqu'à dix ans de prison en cas d'écocide.

« En vingt ans, des pas de géant ont été accomplis, se félicite le colonel Ehrhart. Le système répressif s'est adapté et le quantum des peines a été relevé. » Déficit chronique de moyens, manque de coopération entre les polices administratives sous tutelle des préfets et la police judiciaire dirigée par les parquets… Beaucoup reste cependant à faire, selon le rapport Molins.

Comment frapper plus fort pour endiguer une criminalité environnementale florissante ? « Dans la lutte contre ce phénomène, regrette le procureur général Jean-Philippe Rivaud, nous avons encore en France trois ou quatre trains de retard sur des pays comme l'Italie, l'Espagne et les Pays-Bas. »

Un FBI de l'environnement

L'une des solutions consisterait à réunir les différents services de la police de l'environnement. Par rapport aux narcotrafics ou aux homicides, « la criminalité environnementale apparaît encore comme secondaire alors qu'il s'agit d'un problème majeur contre lequel la France doit regrouper toutes ses forces pour se doter d'un organisme puissant du même ordre que le FBI[5] », avance Corinne Lepage. Ex-ministre de l'Environnement, l'avocate songe à une sorte de super-Oclaesp au champ d'action considérablement élargi.

Sur une idée voisine, l'ancien procureur de Paris François Molins recommande la création d'un service national d'enquête dédié à l'environnement. Dirigé par un magistrat, il regrouperait sous le même toit des agents de l'Oclaesp, de l'OFB, des douanes, de la police et de la gendarmerie et serait doté d'antennes régionales afin d'être au plus près du terrain.

Une autre piste, qui est loin de faire l'unanimité, serait de créer un parquet national de l'environnement, sur le modèle du parquet national antiterroriste et du parquet national financier. « En Espagne, un tel parquet, qui chapeaute 150 magistrats en lien avec la Guardia civil,

5. Entretien avec l'auteur le 22 mai 2024.

s'est montré efficace contre la délinquance environnementale », plaide le président de l'AFMJE Jean-Philippe Rivaud.

Échaudée par les enquêtes retentissantes du parquet national financier mettant en cause François Fillon, Nicolas Sarkozy ou Édouard Philippe, la classe politique risque toutefois de ne pas se montrer très enthousiaste à l'idée de voir naître un nouveau parquet national enquêtant sur des affaires comme la gestion des déchets qui touche de près les élus.

Malgré tout, l'idée d'un parquet national de l'environnement rencontre un écho. « J'y suis favorable, affirme Corinne Lepage, à condition de ne pas retirer de magistrats aux pôles régionaux. À effectifs constants, ça ne marchera pas, car il nous manque en France un millier de juges environnementaux. »

Défenseur des victimes des pesticides, de l'amiante ou du chlordécone, l'avocat François Lafforgue, du cabinet TTLA & associés, est plus réservé. « Pourquoi attendre dix à quinze ans un hypothétique procès mené par un parquet national de l'environnement qui sera noyé sous les affaires ? Autant se satisfaire de décisions rendues plus rapidement par les pôles régionaux de l'environnement, qui connaissent bien les dossiers locaux et peuvent toujours se coordonner entre eux afin d'être plus efficaces. »

Bref, il n'est pas certain qu'un nouveau pôle national de magistrats soit la solution miracle pour lutter plus efficacement contre l'écocriminalité. Avant de l'envisager, beaucoup dans le monde judiciaire souhaitent laisser aux pôles régionaux de l'environnement, créés de fraîche date, le temps de faire leurs preuves.

En attendant, un collectif des « robes vertes » a été lancé par une nouvelle génération de magistrats. Sans doute plus conscients que leurs aînés de l'urgence climatique, ces procureurs et ces juges d'instruction sont déterminés à traquer et punir plus sévèrement les crimes contre l'environnement.

GLOSSAIRE DES SIGLES ET ACRONYMES

Ademe : Agence nationale de la transition écologique

AFMJE : Association française des magistrats pour la justice environnementale

Anah : Association nationale pour l'amélioration de l'habitat

ATIBT : Association technique internationale des bois tropicaux

BNEVP : Brigade nationale d'enquêtes vétérinaires et phytosanitaires

Cesan : Commandement pour l'environnement et la santé (gendarmerie)

Cirad : Centre international en recherche agronomique pour le développement

Cites : Convention on International Trade of Endangered Species (« Convention sur le commerce international des espèces de faune et de flore sauvages menacées d'extinction »)

DCPJ : Direction centrale de la police judiciaire

DGCCRF : Direction générale de la concurrence, de la consommation et de la répression des fraudes

DGSE : Direction générale de la sécurité extérieure

DNRED : Direction nationale du renseignement et des enquêtes douanières

Europol : Agence européenne de police criminelle

Gafi : Groupe d'action financière

GIGN : Groupe d'intervention de la gendarmerie nationale

Ifaw : International Fund for Animal Welfare (« Fonds international pour la protection des animaux »)

Interpol : Organisation internationale de police criminelle

IAI : Institut des affaires internationales

Jirs : Juridiction interrégionale spécialisée

LPO : Ligue de protection des oiseaux

Oclaesp : Office central de lutte contre les atteintes à l'environnement et à la santé publique

OFB : Office français de la biodiversité

Onaf : Office national antifraude des douanes

ONUDC : Office des Nations unies contre la drogue et le crime

Sirasco : Service d'information, de renseignement et d'analyse stratégique sur la criminalité organisée

SPA : Société de protection des animaux

Tracfin : Service de renseignement du ministère de l'Économie et des Finances

UICN : Union internationale pour la conservation de la nature

UIPP : Union des industries de la protection des plantes

WWF : World Wildlife Fund (« Fonds mondial pour la nature »)

BIBLIOGRAPHIE

Fabrice Arfi, *D'argent et de sang, le casse du siècle*, Paris, Seuil, 2018

Sylvain Auffret et Stéphane Quéré, *La Peau de l'ours*, Paris, Nouveau Monde éditions, 2012

Association Robin des bois, *Atlas du business des espèces menacées*, Paris, Arthaud, 2019

Seham Boutata, *La Mélancolie du maknine*, Paris, Seuil, 2020

Eskil Engdal, Kjetil Saeter, *À la poursuite du* Thunder, Arles, Actes Sud, 2021

Lamya Essemlali, *Paul Watson : Sea Shepherd, le combat d'une vie*, Paris, HarperCollins, 2021

Gafi/OCDE, « Blanchiment d'argent et commerce illégal d'espèces sauvages », rapport, Paris, 2020

Alain Karsenty, *Forêts tropicales et mondialisation*, Paris, L'Harmattan, 2006

Ingrid Kragl (Foodwatch), *Manger du faux pour de vrai, les scandales de la fraude alimentaire*, Paris, Robert Laffont, 2021

Corinne Lepage, Christian Huglo, *Nos batailles pour l'environnement, 50 procès, 50 ans de combats*, Arles, Actes Sud, 2021

Florian Manet, *Le Crime en bleu, essai de thalasso-politique*, Paris, Nuvis, 2018

Groupe de travail présidé par François Molins, *Le traitement pénal du contentieux de l'environnement*, décembre 2022

Brigitte Piquet-Pellorce, *Dans l'enfer du trafic animal*, Chamalières, éditions Christine Bonneton, 2022

Grégory Salle, *Qu'est-ce que le crime environnemental ?*, Paris, Seuil, 2022

Ian Urbina, *The Outlaw Ocean: Crime and Survival in the las untamed frontier*, Londres, Bodley Head, 2019

WWF, "Uncovering the invisible: Successes and Challenges for Wildlife Crime Prosecution in Europe", rapport, 2023

WWF, « À point ou saignant ? La face cachée du commerce illégal de viande d'espèces sauvages touchant l'Europe », rapport, décembre 2023

REMERCIEMENTS

Je salue chaleureusement les équipes de Calmann-Lévy pour leur confiance et leur soutien. Car le projet relevait de la gageure : c'est la première fois, à ma connaissance, qu'un livre propose une plongée dans le travail des juges d'instruction et des services d'enquêtes chargés de la lutte contre la criminalité environnementale.

Encore fallait-il qu'ils acceptent de témoigner. J'adresse donc mes plus vifs remerciements aux responsables des douanes, de la gendarmerie, du Cesan, de l'Oclaesp, de l'OFB, de la DGCCRF et de la BNEVP qui m'ont ouvert leurs portes. Ma gratitude va aussi aux magistrats, aux avocats et, surtout, aux enquêteurs de terrain à Arcueil, Rungis, Roissy, Grabels, Orléans, Bordeaux, Marseille… (ils se reconnaîtront) sans lesquels ce livre n'aurait pas vu le jour.

Merci enfin à l'Ademe, aux nombreuses associations et ONG (UICN, SPA, Tonga Terre d'accueil, fondation Brigitte-Bardot, Générations futures, Greenpeace,

Ifaw, Outlaw Ocean Project, Sea Shepherd France et son capitaine Paul Watson, pardon si j'en oublie), ainsi qu'aux experts qui ont répondu à mes sollicitations.

Leurs éclairages m'ont été précieux.

TABLE DES MATIÈRES

Composition et mise en pages
Belle page

Achevé d'imprimer en août 2025
sur Roto-Page par l'Imprimerie Floch à Mayenne
pour le compte des Éditions Calmann-Lévy
21, rue du Montparnasse 75006 Paris
commercial@calmann-levy.fr

PAPIER CERTIFIÉ

CALMANN LEVY s'engage
pour l'environnement en réduisant
l'empreinte carbone de ses livres.
Celle de cet exemplaire est de :
500 g éq. CO_2
Rendez-vous sur
www.calmann-levy-durable.fr

N° d'éditeur : 2056938/01
N° d'imprimeur : 107486
Dépôt légal : septembre 2025
Imprimé en France